과정평가형 자격

NCS기반 평가도구 개발

(컴퓨터응용가공 산업기사 대비)

장봉기 · 김대구 · 박영미 저

光文閣

www.kwangmoonkag.co.kr

PREFACE

2016년 1월 스위스 다보스 '세계경제포럼' 에서 4차 산업혁명 시대의 도래가 선포되면서 함께 발표된 〈일자리의 미래(The Future of Jobs)〉 보고서는 전 세계 사람들을 충격과 공포에 빠지게 했다. 2020년까지 주요 선진국과 아세안 국가에서만 710만 개의 일자리가 사라질 것이라는 전망에 사람들은 너나 할 것 없이 자신의 일자리를 걱정하기 시작했다.

또한, 2020년까지 로봇공학, 빅데이터, 바이오, 3D 프린팅과 같은 분야에서 200만 개의 일자리가 증가되고 2016년에 초등학교에 입학한 아이들의 65%는 현재 존재하지 않는 전혀 새로운 일자리에서 일하게 될 것이라는 예측이 나오면서 기술의 발달과 AI 로봇 등에 의해 대체되지 않고 4차 산업혁명 시대를 주도할 인재 양성을 위한 대책 마련에 각국이 분주하게 움직이기 시작했다.

그러나 4차 산업혁명 시대가 선포된 이후 4년이란 시간이 지나도 당장 피부에 와닿는 변화가 보이지 않자 사람들의 마음속에서는 점차 4차 산업혁명 시대에 대한 걱정이 줄어들었다. '일자리의 미래' 보고서에 3차 산업혁명 시대와 달리 4차 산업혁명 시대에서 요구되는 인재상에 대해 명확히 언급되어 있음에도 불구하고 우리 현실은 암기 및 입시 위주의 주입식 교육에서 벗어나지 못하고 있는 형국이 계속됐다. 직업능력개발훈련에서도 크게 차이가 없을 정도로 변화를 찾기 어렵다.

코로나19는 '감염병의 세계적 유행' 이라는 뜻의 팬데믹(Pandemic)이 선포되면서 교육훈련의 모습은 변화되고 있다. 그것은 온라인 교육훈련의 확대를 직접 체험하게 되는 등 교육훈련 분야의 뉴노멀(New Normal)로 자리 잡게 되었고 학생 중심, 역량 중심, 실무능력 중심의 교육의 본질을 되찾고 창의적 미래 인재 양성을 위한 발걸음을 재촉했다. 코로나19의 영향으로 전 세계 194개국 학생 중 91%가 넘는 학생이 학교 수업을 받지 못하는 사상 초유의 사태가 발생하자 각국은 교육의 피해를 최소화하기 위해 그동안 터부시해 온 온라인 수업이 폭발적으로 확대되는 계기가 되었다.

또한, 코로나19는 교육용 빅데이터를 활용한 AI 기반 학습 분석을 통한 개인 맞춤형 학습과 역량 중심 교육의 확대를 위한 발판을 마련하는 계기가 되었다. 종이책을 단순히 PDF 형식으로 전환하여 디지털화하는 전자책과 같이 면대면 수업에서 강의하던 내용을 그대로 화상 회의 프로그램을 이용해 전달하는 모습을 지켜보면서 교육에 있어서 가장 중요한 점이 무엇인가에 대해 다시 한번 고민해 보는 시간을 갖게 했다.

다시 말해, 코로나19는 4차 산업혁명 시대를 주도해 나갈 창의적 미래 인재를 양성하기 위한 교육의 방향을 제시함으로써 교수자의 역할이 다시금 중요하다는 것을 생각하게 되었다. 지금까지의 교수자의 모습은 가르치(teaching)는 역할에 충실하였다면, 4차 산업혁명 시대의 교수자는 학습자의 역량을 평가하는 능력, 맞춤형 수업을 진행할 수 있는 퍼실리테이터(facilitator)의 역할, 안내자, 조언자, 지지자 등의 다양한 역할을 수행할 수 있도록 변화하는 것이 필요하다.

우리나라도 2002년부터 국가직무능력표준(NCS)을 개발하여 현재 24개 대분류의 1만 1,000개의 능력단위를 기반으로 기업의 직무(채용) – 교육훈련 - 국가기술자격이 상호 유기적인 구조로 개편되었다. 이러한 변화는 4차 산업의 인재를 양성하는데 능력 단위를 조합하고 과정을 만들어 단기 교육훈련이 가능한 시스템이 마련된 것이다. 이제부터는 교수자의 역할이 매우 중요하다. 교수자의 역량에 따라 교육훈련의 성과는 달라질 수 있다. 능력단위에 대한 교수 방법, 평가도구 활용, 프로젝트 교수법 적용 등 직종에 따라 다양한 교수 방법이 요구된다고 할 수 있다.

이 교재는 컴퓨터응용가공 산업기사 과정의 필수능력단위와 선택능력단위에 대한 평가도구를 개발한 것으로 교수자가 NCS 교과목을 운영하고 평가하는 것을 체계적으로 활용할 수 있도록 개발한 도서이다.

마지막으로 평가도구 개발과 검증에 참여하신 ㈜공간정밀기계제작소 김대구 대표님과 여러분께 감사드립니다.

저자 일동

CONTENTS

CONTENTS

컴퓨터응용가공 산업기사 대비 NCS 교과목 평가도구 개발 도서 사용 안내

■ 개요

이 도서는 과정평가형 자격과정, 일학습병행제, 컴퓨터 응용학과 관련 대학 및 직업능력개발훈련기관, 산업체 등에서 운영하고 있는 '컴퓨터 응용가공'과 관련하여 산업기사 자격 과정 또는 해당 NCS 교과목을 운영하는 교수자와 학습자를 위하여 체계적은 교육훈련과 평가를 통해 직무능력 향상에 기여할 수 있도록 개발하였다.

또한, 이번에 개발한 평가도구에는 다음과 같은 능력 단위에 대한 평가도구를 개발하여 교육 현장에 적용할 수 있도록 개발하였다.

따라서 이번 도서는 '컴퓨터응용가공 산업기사' 9개의 필수능력단위와 4개의 선택능력단위에 대한 평가도구를 각각 개발하여 현장의 활용성을 극대화하여 개발하였다.

컴퓨터응용가공 산업기사 평가도구 개발 구성도

필수능력단위

1. 도면해독
2. CNC 선반 조작
3. CNC 선반 가공 프로그래밍
4. CNC 선반 가공 CAM 프로그래밍
5. CNC 밀링(머시닝센터) 조작
6. CNC 밀링(머시닝센터) 가공 프로그래밍
7. CNC 밀링(머시닝센터) 가공 CAM 프로그래밍
8. 3D 형상 모델링 작업
9. 기본 측정기 사용

선택능력단위

1. 기본 작업(밀링 가공)
2. 엔드밀 가공
3. 기본 작업(선반 가공)
4. 단순 형상 작업

■ 개발 도서 사용안내

■ 구성

도서의 구성은 도서 사용 개요와 구성된 내용을 요약하여 제시하였고, 필수능력단위 9개의 모듈과 선택능력단위 4개의 모듈 총 13개의 능력단위에 대한 평가도구로 구성되어 있다.

평가도구의 평가 방법은 '포트폴리오' 평가 방법을 적용하였으며, 평가도구는 13가지 내용으로 구성되어 있으며, A-1 능력단위 주요 평가 영역 도출, A-2 평가 방법 및 문항 수 도출, A-3 능력단위 요소별 배점 기준 도출, A-4 교수자용 평가 문항 개발, A-5 평가 공개 자료, A-6 내부평가 시험지, A-7 과제 평가표, A-8 평가도구 채점표, A-9 평가자 의견 및 피드백, A-10 평가 증빙자료, A-11 능력단위 성적표, A-12 능력단위 수행 평가서, A-13 학생별 교과목과 능력단위 종합평가서로 구성되어 있다.

A-1 능력단위 주요 평가영역 도출에는 훈련목표, 장비·재료 목록, 평가 시 고려사항, 주요 평가영역 도출 내용으로 구성되어 있다.

- 능력단위 주요 평가영역은 능력단위의 특성을 파악하여 지식, 기술, 태도 등의 영역 도출 과정을 통해 평가의 방향성과 정당성을 확보하는 절차이다.

A-2 평가 방법 및 문항 수 도출은 능력단위 요소별로 주요 평가 영역과 능력단위 요소별 연계성을 분석하여 문항 수 도출과 평가 방법에 대한 내용으로 구성되어 있다.

- 능력단위별로 적정한 문항 수를 체계적으로 도출하기 위한 것으로 "서술형" 평가방법은 능력단위 요소별 5문항 이상으로 개발하고 "포트폴리오", "작업장평가", "문제해결시나리오" 등의 평가방법은 능력단위 요소별로 상호 연계성이 높으면 1개의 문항으로 평가를 운영할 수 있다.

(예 1) [.1 | .2 | .3] 경우는 1번 능력단위 요소가 2번, 3번과 연계성이 없어 1개 이상의 문항 수를 결정할 수 있다.

(예 2) [.1 | .2 | .3] 경우는 2번과 3번의 능력단위 요소가 연계성이 높아 2개의 능력단위 요소에 대한 문항 수를 1개 이상으로 도출할 수 있다.

(예 2) [.1 | .2 | .3] 경우는 1, 2, 3번 모든 능력단위가 연계성이 높아 문항 수를 1개 이상으로 도출할 수 있다.

A-3 능력 단위 요소별 배점 기준 도출은 능력단위 요소별 중요도, 난이도, 활용 빈도 등을 분석하여 배점의 비중 도출 내용으로 구성되었다.

A-4 교수자용 평가 문항 개발은 평가 시간, 배점, 평가 문항과 정답(해설), 과제 수행의 요구사항 등의 내용으로 구성되었다.

- 교수자용 평가 문항 개발은 평가문항의 내용이 상세하고 정확하게 개발되어야 평가의 정확성을 높일 수 있으며, 평가 기준, 평가시 유의사항, 문항 개발. 정답 등을 개발할 수 있다. 특히 문항 수행에 요구사항, 제시도면, 채점 기준, 평가시 유의사항, 성취기준 등을 개발하게 되면 운영에 많은 도움이 될 수 있다.

A-5 평가 공개자료는 평가시간, 평가일시, 평가 요구사항, 과제 형상, 주요 평가항목 및 배점 등의 내용으로 구성되었다.
- 평가 공개자료는 평가 대상자에게 공개하는 자료로 평가 시간, 평가요소, 배점 등을 개발하여 공개하는 자료이다.
- 평가의 공정성을 훼손하지 않도록 절제되어 개발하는 것이 필요하다.

A-6 내부 평가 시험지는 평가 시간, 배점, 과제 요구사항, 평가 관련 제시 내용 등으로 구성되었다.

A-7 과제 평가표는 결과물에 대한 평가표로 평가 유형, 평가 일시, 평가 요소와 평가 항목, 배점 등의 내용으로 구성되었다. 결과물이 없는 경우 과제 평가표는 생략될 수 있다.

A-8 평가도구 채점표는 해당 능력단위에 대한 채점표로 평가 시간, 평가 일지, 평가 항목의 배점 및 득점 현황을 작성할 수 있도록 구성되었다.

A-9 평가자 의견 및 피드백 내용은 평가 시간, 평가 일시, 평가자 의견 및 피드백 내용 등으로 구성되었다.

A-10 평가 증빙자료는 평가 시간, 평가 일시, 평가 결과물 이미지 등의 내용으로 구성되었다.

A-11 능력단위 성적표는 평가 시간, 평가 일시, 학생 명단, 능력단위 점수, 성취 수준, Pass/Fail 등의 판정한 결과를 성적표에 작성할 수 있도록 구성하였다.

A-12 능력단위 수행평가서에는 학습자 명, 평가자 명, 교과목명, 능력단위명, 평가 일시, 평가 방법, 성취 수준, 평가 영역, 수행 준거, 예/아니오 판정 등의 내용으로 구성되어 학생 개인별 평가 내용과 수행평가서를 보관할 수 있도록 구성되었다.

A-13 학생별 교과목과 능력단위 종합평가서는 훈련 기간, 학습자 명, 지도교수 최종 확인자, 교과목명, 능력단위명, 평가자 명, 최종 평가 일시, 평가 결과(성취 수준) 등의 내용으로 구성되었다.

CHAPTER 1.

컴퓨터응용가공 산업기사 교육 · 훈련 과정 편성기준

1. 교육 · 훈련 과정 명
2. 교육 · 훈련 과정 목표
3. 교육 · 훈련 시간
4. 교육 · 훈련 이수 체계도
5. 시설 · 장비 기준
6. 내부평가 관련 사항

1. 교육 · 훈련 과정명

컴퓨터응용가공 산업기사 과정

2. 교육 · 훈련 과정 목표

CNC 공작기계 운용 능력을 기반으로 가공 도면을 해독하고 CAD/CAM 시스템을 이용하여 각 공정별 절삭 가공에 알맞은 공구 및 절삭 조건을 설정하고 NC 프로그램을 생성하여 가공하는 직무를 수행할 수 있는 인력을 양성

3. 교육 · 훈련 시간 편성기준

기준 시간: 총 630시간 이상

구 분	능력단위 총 시간	교육 · 훈련 기준 시간*	비고
총계	1,155~1,185시간	630시간 이상	참조 1
직업 기초능력	30~60시간	30~60시간	참조 2
필수능력단위	435시간	435시간 이상	
선택능력단위	690시간	-	참조 2

※ 교육 · 훈련 기준 시간(총계) = [직업 기초능력 + 필수능력단위 + 선택능력단위] 기준 시간

- OJT 인정 범위: 능력단위별 교육 · 훈련 시간의 25% 이내로 인정될 수 있음.
  - · 공교육기관(직업계고, 폴리텍, 전문대학, 4년제 대학, 군 등)만 해당, 직업훈련기관 제외

※ 기준 시간 편성 예시

[참조 1]

1-1. 제시된 교육 · 훈련 기준 시간(총계)의 150%까지 추가 편성 가능

(ex) 제시된 기준 시간이 400시간인 경우, 600시간까지 편성 가능

[참조 2]

2-1. 선택능력단위 시간: 제시된 총 교육훈련 기준 시간 이상으로 하되, 교육훈련기관에서 설정한 직업 기초능력 시간과 필수능력단위 시간의 합을 제외한 시간을 의미함.

2-2. 교육훈련기관에서 설정한 직업 기초능력 시간과 필수능력단위 시간의 합이 제시된 총 교육훈련 기준 시간 이상인 경우 선택능력단위는 별도로 선정하지 않아도 가능함.

〈제시된 필수능력단위 시간이 330시간일 경우〉

(ex 1) 산업기사: 직업 기초능력(45)+총 필수능력단위 시간(330) → 선택능력단위 시간(25)

(ex 2) 산업기사: 직업 기초능력(45)+총 필수능력단위 시간(355) → 선택능력단위 시간(0)

(ex 3) 산업기사: 직업 기초능력(60)+총 필수능력단위 시간(360) → 선택능력단위 시간(0)

가. 직업 기초능력: 30~60시간

교과목	하위 영역	교육 · 훈련 시간
의사소통 능력	문서 이해 능력, 문서 작성 능력, 경청 능력, 언어 구사력, 기초 외국어 능력	600시간 편성 기준으로 30~60시간까지 편성 가능
수리 능력	기초 연산 능력, 기초 통계 능력, 도표 분석 능력, 도표 작성 능력	
문제 해결 능력	사고력, 문제 처리 능력	

교과목	하위 영역	교육·훈련 시간
자기개발 능력	자아 인식 능력, 자기 관리 능력, 경력 개발 능력	
자원관리 능력	시간 관리 능력, 예산 관리 능력, 물적 자원관리 능력, 인적 자원관리 능력	
대인관계 능력	팀워크 능력, 리더십 능력, 갈등 관리 능력, 협상 능력, 고객 서비스 능력	
정보 능력	컴퓨터 활용 능력, 정보처리 능력	
기술 능력	기술 이해 능력, 기술 선택 능력, 기술 적용 능력	
조직 이해 능력	국제 감각, 조직 체제 이해 능력, 경영 이해 능력, 업무 이해 능력	
직업윤리	근로 윤리, 공동체 윤리	

나. 필수능력단위: 총 435시간 이상

연번	능력단위 코드	능력단위명(세분류명)	최소 교육·훈련 시간
1	1502010402_14v2	도면해독 (CAM)	30시간
2	1502010403_18v3	CNC 선반 조작 (CAM)	60시간
3	1502010404_18v5	CNC 선반 가공 프로그래밍 (CAM)	60시간
4	1502010407_18v5	CNC 선반 가공 CAM 프로그래밍 (CAM)	30시간

연번	능력단위 코드	능력단위 명(세분류명)	최소 교육 · 훈련 시간
5	1502010405_18v3	CNC 밀링(머시닝센터) 조작 (CAM)	60시간
6	1502010406_18v5	CNC 밀링(머시닝센터)가공 프로그래밍(CAM)	60시간
7	1502010408_18v5	CNC 밀링(머시닝센터)가공 CAM 프로그래밍(CAM)	45시간
8	1501020113_16v3	3D 형상 모델링 작업 (기계 요소 설계)	60시간
9	1502010504_14v2	기본 측정기 사용 (측정)	30시간

※ 제시된 최소 교육 · 훈련 시간의 150%까지 추가 편성 가능
(ex) A 능력단위의 최소 교육훈련 시간이 30시간인 경우, 45시간까지 편성 가능

다. 선택능력단위: 총 690시간

연번	능력단위 코드	능력단위명(세분류명)	최소 교육 · 훈련 시간
1	1502010212_16V4	도면해독(밀링가공)	15시간
2	1502010204_16v4	기본 작업(밀링가공)	30시간
3	1502010205_16v4	평면 · 총형 가공(밀링가공)	30시간
4	1502010206_14v2	탭 · 드릴 · 보링가공(밀링가공)	30시간
5	1502010207_16v4	엔드밀 가공(밀링가공)	30시간
6	1502010208_16V4	치공구 관리(밀링가공)	30시간
7	1502010214_16V4	안전 규정 준수(밀링가공)	15시간
8	1502010410_18v3	CNC 밀링 5축가공 프로그래밍(CAM)	60시간
9	1502010409_18v3	CNC 복합 가공 프로그래밍(CAM)	60시간
10	1502010104_16V4	기본 작업(선반가공)	30시간

연번	능력단위 코드	능력단위명(세분류명)	최소 교육·훈련 시간
11	1502010106_14V2	홈·테이퍼 작업(선반가공)	30시간
12	1502010111_16V4	도면 해독(선반가공)	30시간
13	1502010107_14V2	편심·나사 작업(선반가공)	30시간
14	1502010102_14V2	공구 선정(선반가공)	15시간
15	1502010112_16V1	안전규정 준수(선반 가공)	15시간
16	1502010508_18v3	측정기 유지관리(측정)	30시간
17	1502010507_14v2	3차원 측정(측정)	30시간
18	1502010503_18v3	육안검사(측정)	15시간
19	1501020111_16v3	2D 도면 작업(기계요소 설계)	60시간
20	1502010413_18v2	안전규정 준수(CAM)	15시간
21	1502010401_14V2	작업 계획 수립(CAM)	30시간
22	1502010506_18v3	비교 측정(측정)	30시간
23	1502010505_18v3	정밀 측정(측정)	30시간

※ 제시된 최소 교육·훈련 시간의 150%까지 추가 편성 가능
(ex) A 능력단위의 최소 교육훈련 시간이 60시간인 경우, 90시간까지 편성 가능

※ 제시된 선택능력단위 이외의 다른 NCS의 능력단위를 자율적으로 편성 가능함(단, 종목과 관련이 있는 NCS 능력단위여야 함)

- 자율 선택능력단위를 활용하는 경우, 해당 자율 선택능력단위의 교육훈련 시간은 훈련기준의 시간을 준용하되, 1시간~150% 이내까지 편성 가능
- 자율 선택능력단위를 활용하는 경우, 해당 자율 선택능력단위 관련 시설·장비기준은 훈련기준의 시설장비 기준 준수

※ 본 편성 기준에서 제시한 선택능력단위를 편성할 경우에는 최소 교육·훈련 시간을 준수하여야 함.

4. 교육 · 훈련 이수 체계도

NCS 수준	능력단위명				
6수준				작업계획 수립 (30H)	
5수준				CNC밀링5축 가공 프로그래밍(60H) CNC복합가공 프로그래밍 (60H) 도면해독 (30H)	
4수준		비교 측정 (30H)			
3수준	탭 · 드릴 · 보링가공 (30H) 치공구 관리 (30H)	3차원 측정 (30H) 정밀 측정 (30H) 측정기 유지관리 (30H)		CNC선반가공 CAM 프로그래밍(30H) CNC선반가공 프로그래밍 (60H) CNC밀링(머시닝센터)가공 CAM프로그래밍(45H) CNC밀링(머시닝센터)가공 프로그래밍(60H)	편심 · 나사 작업 (30H) 공구 선정 (15H)
2수준	안전규정준수 (15H) 기본 작업 (30H) 평면 · 총형 가공(30H) 엔드밀 가공 (30H) 도면해독 (15H)	육안검사 (15H) 기본 측정기 사용 (30H)	2D 도면작업 (60H) 3D 형상 모델링 작업 (60H)	CNC선반조작 (60H) CNC밀링 (머시닝센터)조작 (60H) 안전규정 준수 (15H)	안전규정 준수(15H) 도면해독 (30H) 홈 · 테이퍼 작업(30H) 기본 작업 선반가공) (30H)
-	직업 기초능력				
수준 / 세분류	밀링가공	측정	기계요소 설계	CAM	선반가공

※ 음영 부분은 '필수능력단위'를 표시

5. 시설 · 장비 기준

가. 필수능력단위 관련 시설기준(20명 기준)

훈련인원 시설명	기준 면적	기준 인원 초과 시 면적 적용	시설 활용 구분 (공용/전용)
컴퓨터실 (강의실 겸용)	45㎡	1명당 1.5㎡씩 추가	공용
CNC 실습실	200㎡	10명당 100㎡씩 추가	공용
공구 · 재료실	30㎡	60명 초과 시 10㎡씩 추가	공용

나. 필수능력단위 관련 장비 기준

<table>
<tr><th colspan="2">장비명</th><th>규격</th><th>단위</th><th>활용 구분
(공용/전용)</th><th>1대당
활용 인원</th></tr>
<tr><td colspan="2">• CNC 밀링(머시닝센터)</td><td>최소 이송 거리
300mm 이상</td><td>대</td><td>공용</td><td>10명</td></tr>
<tr><td colspan="2">• CNC 선반</td><td>6" 이상</td><td>대</td><td>공용</td><td>10명</td></tr>
<tr><td rowspan="2">선택</td><td>프로그램조작기(하드웨어)</td><td>-</td><td>대</td><td>공용</td><td>2명</td></tr>
<tr><td>시뮬레이터(소프트웨어)</td><td>-</td><td>copy</td><td>공용</td><td>1명</td></tr>
<tr><td colspan="2">• 컴퓨터</td><td>2D 및 3D 구동용</td><td>대</td><td>공용</td><td>1명</td></tr>
<tr><td colspan="2">• 빔프로젝터(스크린 포함)</td><td>3,000 ANSI 이상</td><td>대</td><td>공용</td><td>컴퓨터실당
1대</td></tr>
<tr><td colspan="2">• CAD · CAM S/W</td><td>파라메트릭 모델링
가능, 시뮬레이터용</td><td>대</td><td>공용</td><td>1명</td></tr>
<tr><td colspan="2">• 출력장치
(플로터 또는 프린터 등)</td><td>A4 이상</td><td>대</td><td>공용</td><td>실습실당
1대</td></tr>
<tr><td colspan="2">• 버니어캘리퍼스</td><td>150mm 이상</td><td>개</td><td>공용</td><td>1명</td></tr>
<tr><td colspan="2">• 마이크로미터</td><td>0~25, 25~50,
50~75mm 등</td><td>세트</td><td>공용</td><td>5명</td></tr>
<tr><td colspan="2">• 작업테이블</td><td>1200×600mm 이상</td><td>대</td><td>공용</td><td>10명</td></tr>
</table>

※ 장비는 주 장비만 제시한 것으로 그 외의 장비와 공구는 별도로 확보

6. 내부평가 관련 사항

○ 교육 · 훈련기관의 장은 해당 과정에서 선택한 모든 필수능력단위 및 선택능력단위에 대한 내부 평가를 실시해야 한다.

○ 내부평가 결과는 능력단위별로 제시되어야 하며, 다수의 능력 단위를 묶어서 교육 · 훈련을 실시한 경우에도 평가 결과는 능력단위별로 100점 만점으로 환산하여 제시되어야 한다.

○ 내부평가 범위 및 방법

능력단위 코드	능력단위명 (세분류명)	필수/선택 능력단위	주요 평가 내용 (능력단위 요소)	내부평가 방법
1502010402_14V2	도면해독 (CAM)	필수	• 도면 결정하기 • 도면해독하기 • 원가 산정하기	포트폴리오 서술형 시험 논술형 시험 평가자 질문 평가자 체크리스트 피평가자 체크리스트 일지/저널 구두 발표
1502010403_18v3	CNC 선반 조작 (CAM)	필수	• CNC 선반 조작 준비하기 • CNC 선반 조작하기 • 측정 · 검사하기	포트폴리오 문제해결 시나리오 평가자 체크리스트 구두 발표
1502010404_18v5	CNC 선반가공 프로그래밍 (CAM)	필수	• CNC 선반가공 프로그램 작성 준비하기 • CNC 선반가공 프로그램 작성하기 • CNC 선반가공 프로그램 확인하기	포트폴리오 문제해결 시나리오 평가자 질문 평가자 체크리스트 구두 발표
1502010407_18v5	CNC 선반가공 CAM 프로그래밍 (CAM)	필수	• CNC 선반가공 CAM 프로그램 작성 준비하기 • CNC 선반가공 CAM 프로그램 작성하기 • CNC 선반가공 CAM 프로그램 확인하기	포트폴리오 문제해결 시나리오 평가자 질문 평가자 체크리스트 피평가자 체크리스트

능력단위 코드	능력단위명 (세분류명)	필수/선택 능력단위	주요 평가 내용 (능력단위 요소)	내부평가 방법
150201040 5_18v3	CNC 밀링(머시닝센터) 조작 (CAM)	필수	• CNC 밀링(머시닝센터) 조작 준비하기 • CNC 밀링(머시닝센터) 조작하기 • 측정 · 검사하기	포트폴리오 서술형 시험 평가자 체크리스트 구두 발표
150201040 6_18v5	CNC 밀링 (머시닝센터)가공 프로그래밍 (CAM)	필수	• CNC 밀링(머시닝센터)가공 프로그램 작성 준비하기 • CNC 밀링(머시닝센터)가공 프로그램 작성하기 • CNC 밀링(머시닝센터)가공 프로그램 확인하기	
150201040 8_18v5	CNC 밀링 (머시닝센터)가공 CAM 프로그래밍 (CAM)	필수	• CNC 밀링(머시닝센터)가공 CAM 프로그램 작성 준비하기 • CNC 밀링(머시닝센터)가공 CAM 프로그램 작성하기 • CNC 밀링(머시닝센터)가공 CAM 프로그램 확인하기	포트폴리오 문제해결 시나리오 평가자 질문 평가자 체크리스트 피평가자 체크리스트
150102011 3_16v3	3D 형상 모델링 작업 (기계요소 설계)	필수	• 3D 형상 모델링 작업 준비하기 • 3D 형상 모델링 작업하기	포트폴리오 문제해결 시나리오 사례 연구 평가자 질문 평가자 체크리스트 일지/저널 작업장 평가
150201050 4_14v2	기본 측정기 사용 (측정)	필수	• 작업계획 파악하기 • 측정기 선정하기 • 기본 측정기 사용하기	포트폴리오 평가자 체크리스트 피평가자 체크리스트 일지/저널 구두 발표 작업장 평가
150201021 2_16v4	도면해독 (밀링가공)	선택	• 도면해독하기 • 주요 치수 및 공차 검토하기	포트폴리오 서술형 시험 논술형 시험 평가자 질문

능력단위 코드	능력단위명 (세분류명)	필수/선택 능력단위	주요 평가 내용 (능력단위 요소)	내부평가 방법
				평가자 체크리스트 피평가자 체크리스트 일지/저널 구두 발표
150201020 4_16v4	기본 작업 (밀링가공)	선택	• 작업 준비하기 • 본가공 수행하기 • 검사 · 수정하기	포트폴리오 서술형 시험 평가자 질문 평가자 체크리스트 피평가자 체크리스트 일지/저널 구두 발표 작업장 평가
150201020 5_16v4	평면 · 총형 가공 (밀링가공)	선택	• 작업 준비하기 • 본가공 수행하기 • 검사 · 수정하기	포트폴리오 문제해결 시나리오 평가자 체크리스트 일지/저널 작업장 평가
150201020 6_14v2	탭 · 드릴 · 보링 가공 (밀링가공)	선택	• 작업 준비하기 • 본가공 수행하기 • 검사 · 수정하기	포트폴리오 문제해결 시나리오 평가자 체크리스트 일지/저널 작업장 평가
150201020 7_16v4	엔드밀 가공 (밀링가공)	선택	• 작업 준비하기 • 본가공 수행하기 • 검사 · 수정하기	포트폴리오 문제해결 시나리오 평가자 체크리스트 일지/저널 작업장 평가
150201020 8_16v4	치공구 관리 (밀링가공)	선택	• 치공구 제작 계획하기 • 치공구 설계 제작하기 • 치공구 유지 관리하기	포트폴리오 서술형 시험 논술형 시험 평가자 질문 평가자 체크리스트 피평가자 체크리스트 일지/저널

능력단위 코드	능력단위명 (세분류명)	필수/선택 능력단위	주요 평가 내용 (능력단위 요소)	내부평가 방법
1502010214_16V4	안전규정 준수 (밀링가공)	선택	• 안전수칙 확인하기 • 안전수칙 준수하기	문제해결 시나리오 서술형 시험 사례연구 평가자 질문 평가자 체크리스트 피평가자 체크리스트 일지/저널
1502010410_18v3	CNC 밀링 5축가공 프로그래밍 (CAM)	선택	• CNC 밀링 5축가공 프로그램 작성 준비하기 • CNC 밀링 5축가공 프로그램 작성하기 • CNC 밀링 5축가공 프로그램 확인하기	포트폴리오 문제해결 시나리오 평가자 질문 평가자 체크리스트 피평가자 체크리스트
1502010409_18v3	CNC 복합가공 프로그래밍 (CAM)	선택	• CNC 복합가공 프로그램 작성 준비하기 • CNC 복합가공 프로그램 작성하기 • CNC 복합가공 프로그램 확인하기	포트폴리오 문제해결 시나리오 평가자 질문 평가자 체크리스트 피평가자 체크리스트
1502010104_16V4	기본 작업 (선반가공)	선택	• 작업 준비하기 • 본가공 수행하기 • 검사 · 수정하기	포트폴리오 문제해결 시나리오 평가자 질문 작업장 평가
1502010106_14V2	홈 · 테이퍼 작업 (선반가공)	선택	• 작업 준비하기 • 본가공 수행하기 • 검사 · 수정하기	포트폴리오 문제해결 시나리오 평가자 체크리스트 구두 발표
1502010111_16V4	도면해독 (선반가공)	선택	• 도면해독하기 • 주요 치수 및 공차 검토하기	문제해결 시나리오 서술형 시험 평가자 체크리스트 작업장 평가
1502010107_14V2	편심 · 나사 작업 (선반가공)	선택	• 작업 준비하기 • 본가공 수행하기	포트폴리오 문제해결 시나리오

능력단위 코드	능력단위명 (세분류명)	필수/선택 능력단위	주요 평가 내용 (능력단위 요소)	내부평가 방법
			• 검사 · 수정하기	평가자 체크리스트 구두 발표
1502010102_14v2	공구 선정 (선반가공)	선택	• 측정 공구 선정하기 • 절삭 공구 선정하기 • 공구 유지 관리하기	문제해결 시나리오 사례연구 평가자 체크리스트 구두 발표
1502010112_16V1	안전규정 준수 (선반가공)	선택	• 안전수칙 확인하기 • 안전수칙 준수하기	문제해결 시나리오 서술형 시험 사례연구 평가자 질문 평가자 체크리스트 피평가자 체크리스트 일지/저널
1502010508_18v3	측정기 유지관리 (측정)	선택	• 측정기 관리하기 • 측정기 취급 주의하기 • 측정기 교정 관리하기	포트폴리오 평가자 체크리스트 피평가자 체크리스트 일지/저널 구두 발표 작업장 평가
1502010507_14v2	3차원 측정 (측정)	선택	• 측정 방법 결정하기 • 3차원 측정 준비하기 • 3차원 측정하기	포트폴리오 서술형 시험 사례연구 평가자 질문 평가자 체크리스트 일지/저널 구두 발표 작업장 평가
1502010503_18v3	육안검사 (측정)	선택	• 작업계획 파악하기 • 외관 형상 검사하기 • 표면 상태 검사하기	포트폴리오 평가자 체크리스트 피평가자 체크리스트 일지/저널 구두 발표 작업장 평가

능력단위 코드	능력단위명 (세분류명)	필수/선택 능력단위	주요 평가 내용 (능력단위 요소)	내부평가 방법
1501020111_16v3	2D 도면 작업 (기계요소 설계)	선택	• 작업 환경 준비하기 • 도면 작성하기	포트폴리오 문제해결 시나리오 사례연구 평가자 질문 평가자 체크리스트 일지/저널 구두 발표 작업장평가
1502010413_18v2	안전규정 준수 (CAM)	선택	• 안전수칙 확인하기 • 안전수칙 준수하기	문제해결 시나리오 서술형 시험 사례연구 평가자 질문 평가자 체크리스트 피평가자 체크리스트 일지/저널
1502010401_14V2	작업계획 수립 (CAM)	선택	• 작업계획 수립하기 • 공정 · 작업 내용 계획하기 • 장비 · 인원 배분하기	포트폴리오 문제해결 시나리오 서술형 시험 평가자 질문 피평가자 체크리스트 구두 발표 작업장 평가
1502010506_18v3	비교 측정 (측정)	선택	• 비교 측정 준비하기 • 비교 측정하기 • 비교 측정 결과 활용하기	포트폴리오 평가자 체크리스트 피평가자 체크리스트 일지/저널 구두 발표 작업장 평가
1502010505_18v3	정밀 측정 (측정)	선택	• 측정 방법 결정하기 • 정밀 측정 준비하기 • 정밀 측정하기	포트폴리오 평가자 체크리스트 피평가자 체크리스트 일지/저널 구두 발표 작업장 평가

※ 선택능력단위는 해당 교육 · 훈련기관에서 선택한 능력단위만 내부평가를 실시하되, 제시된 내부평가 방법 중 교육 · 훈련기관 실정에 맞는 평가 방법 1가지 이상 선택 적용

【참고자료 1】

【내부평가 방법】

구 분	평가 유형	설명 자료
A	포트폴리오	자신이 작성하거나 만든 작품을 지속적·체계적으로 모아둔 개인별 작품집 혹은 서류철을 대상으로 평가
B	문제해결 시나리오	문제해결 능력의 획득을 두고 평가 대상자가 주체가 되어 문제해결을 위한 시나리오를 작성하여 해결에 이르는 과정을 평가
C	서술형 시험	주어진 주제나 요구에 대해 자유로운 형식으로 서술하게 하여 평가
D	논술형 시험	주어진 과제를 논리적 과정을 통해 해결하고 그 과정을 언어로 서술하게 하여 평가
E	사례연구	현재 진행 중이거나 유사한 이전의 사례 중 하나 혹은 그 이상을 선정하여 그 성공이나 실패요 인을 분석 적용하여 평가
F	평가자 질문	평가 대상자들에 대하여 얻고자 하는 자료나 정보를 질의응답을 통해 수집하여 평가
G	평가자 체크리스트	많은 사항을 한눈에 알 수 있는 표를 만들어 평가 대상자의 과정이나 작업 결과를 체크해 나가며 평가
H	피평가자 체크리스트	특정 주제에 대하여 스스로 학습 과정이나 작업 결과에 대해 자세하게 평가하도록 하게 하고 그 결과를 평가
I	일지/저널	매일 또는 정기적으로 평가 대상자의 작업 과정이나 학습 결과를 기록하여 평가
J	역할 연기	평가 대상자들에게 가상의 문제 상황을 주고, 주어진 상황 속의 인물의 역할을 대신 수행해 보도록 평가
K	구두 발표	특정 내용이나 주제에 대한 평가 대상자의 의견이나 생각을 발표하도록 하여 평가
L	작업장 평가	현장에서 일어나는 공정이나 일의 순서, 작업장 환경 등의 효과성, 효율성을 평가

【참고자료 2】

- 관련 NCS 분류/계열별 직업 기초능력 선호도
- 국가직무능력표준(NCS)의 활용 및 확산을 촉진하고, 직업 기초능력의 현장성과 통용성 확보를 위해 교육 · 훈련기관의 장은 제시된 NCS 소분류별 선호도를 참고하여 교육·훈련과정을 편성하여야 한다.
- 관련 NCS 분류/계열별 직업 기초능력 영역 선호도

중분류	기계설계		기계가공	
소분류	기계설계		절삭가공	
구분	가중치	AHP	가중치	AHP
의사소통	상	상	중	상
수리	상	상	중	중
문제해결	상	상	상	상
자기개발	하	중	하	상
자원관리	중	하	상	하
대인관계	중	중	하	중
정보	상	중	중	하
기술	중	하	상	중
조직이해	하	하	하	중
직업윤리	하	중	중	하

CHAPTER 2.

컴퓨터응용가공 산업기사 필수능력단위 평가도구

1. 도면해독
2. CNC 선반 조작
3. CNC 선반가공 프로그래밍
4. CNC 선반가공 CAM 프로그래밍
5. CNC 밀링(머시닝센터) 조작
6. CNC 밀링(머시닝센터)가공 프로그래밍
7. CNC 밀링(머시닝센터)가공 CAM 프로그래밍
8. 3D 형상 모델링 작업
9. 기본 측정기 사용

1. 도면해독

NCS 기반 평가도구 개발

[도면해독(1502010402_14v2)]

- 제 출 일 : ____________________
- 소　　속 : ____________________
- 교과목명 : ____________________
- 개 발 자 : ____________________

포트폴리오 평가도구 개발

【능력단위명 : 도면해독】

대분류	중분류	소분류	세분류
15. 기계	02. 기계가공	01. 절삭가공	04. CAM

A-1 능력단위 주요 평가영역 도출

구분	내용				
훈련 목표	기계가공 작업에 있어서 전체적인 조립 관계를 고려하여 작업계획을 수립하고 작업 도구 사용을 결정하기 위한 도면을 해독할 수 있다.				
장비·재료	• 계산기 • 컴퓨터 • CAD 프로그램 • 프린터			• 용지	
평가 시 고려사항	• 도면 해독에 관한 전반적인 이론 지식과 기능 • 작업의 결과에 있어 생산성, 품질, 납기 등을 고려하여 결과를 도출 • 원가 산정에 관한 전반적인 이론 지식과 기능				
주요 평가 영역	지식		기술	○	태도	○

A-2 평가 방법 및 문항 수 도출

능력단위	능력단위 요소	주요 평가 영역			능력단위 요소 연계성	문항 수	평가 방법
		지식 (지필)	기술·태도 (수행관찰)	기술 (산출물)			
도면해독	도면 결정하기		√	√	.1 .2 .3	5	포트폴리오 (서술형 평가)
	도면해독하기		√	√	.1 .2 .3	5	
	원가 산정하기		√	√	.1 .2 .3	5	

A-3 능력단위 요소별 배첨기준 도출

<table>
<tr><th rowspan="3">능력단위</th><th rowspan="3">능력단위 요소</th><th colspan="4">훈련 필요성</th><th rowspan="3">배점 비중
(Ⓓ/Ⓔ)*100</th></tr>
<tr><th>중요도
Ⓐ</th><th>난이도
Ⓑ</th><th>활용빈
도 Ⓒ</th><th rowspan="2">합계
Ⓓ</th></tr>
<tr><th colspan="3">낮음 ↔ 보통 ↔ 높음
① ② ③</th></tr>
<tr><td rowspan="3">도면해독</td><td>도면 결정하기</td><td>1</td><td>1</td><td>1</td><td>3</td><td>18</td></tr>
<tr><td>도면해독하기</td><td>3</td><td>3</td><td>3</td><td>9</td><td>52</td></tr>
<tr><td>원가 산정하기</td><td>2</td><td>2</td><td>1</td><td>5</td><td>30</td></tr>
<tr><td colspan="2">계 Ⓔ</td><td>6</td><td>6</td><td>5</td><td>17</td><td>100</td></tr>
</table>

A-4 교수자용 평가 문항 개발

과정명	컴퓨터응용가공 산업기사	교과목명	도면해독과 CAM	능력단위	도면해독
능력 단위 요소	1. 도면 결정하기	평가 유형	포트폴리오 (서술형 평가)	문항 수	5
평가 시간	15분	배점	18	평가자	(서명)

평가 문항 (수행 내용)

[문제 1] 컴퓨터를 활용한 도면을 관리하는 시스템의 장점에 해당되지 않는 것은 무엇인가? (3점)

① 여러 가지 도면 자료 및 파일의 통합 관리 체계를 구축할 수 있다.
② 반영구적인 저장 매체로 유실 및 훼손의 염려가 거의 없다.
③ 네트워크를 통하여 도면 및 자료를 공유할 수 있다.
④ 설계 변경이나 도면 검색 시 시간이 많이 소요되어 경제성은 떨어지지만 안정적인 작업의 장점이 있다.

> [정답] ④
> - 컴퓨터를 활용한 도면 관리 시스템의 장점에는 다음과 같다.
> (가) 여러 가지 도면 자료 및 파일의 통합 관리 체계를 구축할 수 있다.
> (나) 도면의 유지, 보관에 소요되는 비용을 절감할 수 있다.
> (다) 도면의 질과 정확도를 향상시킬 수 있다.
> (라) 설계의 표준화를 이룰 수 있다.
> (마) 네트워크를 통하여 도면 및 자료를 공유할 수 있다.
> (바) 반영구적인 저장 매체로 유실 및 훼손의 염려가 거의 없다.
> (사) 설계 변경이나 도면 검색 시 신속하게 처리할 수 있다.

[문제 2] 도면의 검도 항목에 해당하지 않는 것은 무엇인가?(3점)

① 구조 기능　　② 도형
③ 도면 제작 비용　　④ 도면 양식 및 일반 주의사항

> [정답] ③ (도면의 검도 항목은 구조 기능, 도형, 치수, 문자 및 각종 기호, 도면 양식 및 일반 주의사항을 검도한다.)

[문제 3] 다음은 도면 출도에 대한 설명이다 옳으면 ○표, 틀리면 ×표를 선택하여 쓰시오. (　　) (4점)

> 설계된 조립 및 부품 도면들은 검도를 통하여 승인 후 출도한다. 출도된 도면은 투상도 및 치수 지시, 끼워 맞춤 공차, 기하공차, 표면 거칠기 및 주서 등 도면 안의 내용을 지우거나 변경할 수 없다.

> [정답] ○ 도면 출도 내용이 정확하게 설명되었다.

평가문항 (수행내용)	[문제 4] 다음 기계 제품을 생산하는 공정에 해당되지 않는 것은 무엇인가? (4점) ① 볼트와 너트의 체결 기계적 조립 ② 제품 수량과 중량 ③ 리벳 등의 클램핑 기계적 조립 ④ 접착 본딩 [정답] ② 기계제품은 개별 부품들이 조립되어 완제품이 된다. 생산되는 부품 조립을 수행하는데 사용하는 공정은 일반적으로 다음과 같다? (가) 볼트와 너트의 체결 기계적 조립 (나) 리벳 등의 클램핑 기계적 조립 (다) 프레스 맞춤식 기계적 조립 (라) 스냅맞 춤식 기계적 조립 (마) 접착 본딩 [과제 5] 기계의 구동장치 실시 실계에서 필요한 사료의 종류를 3가지만 작성해 보시오? 예) 키에 관한 자료(KS B 1311) (4점) ① ② ③ [정답] (1) 키에 관한 자료(KS B 1311) (2) 멈춤 링에 관한 자료(KS B 1336) (3) 자동 조심 볼 베어링에 관한 자료(KS B 2025 또는 베어링 제작회사 제품 안내서) (4) O링에 관한 자료(KS B 2799) (5) 오일 실에 관한 자료(KS B 2804) (6) 주철제 V벨트 풀리에 관한 자료(KS B 1400) (7) 끼워 맞춤 공차에 관한 자료(KS B 0401) (8) 기하공차에 관한 자료(KS B 0608) (9) 제거가공을 하는 길이 치수에 대한 허용차 자료(KS B ISO 2768-1) (10) 표면 거칠기에 관한 자료(KS B 0617)

CHAPTER 02

과정명	컴퓨터응용가공산업기사	교과목명	도면해독과 CAM	능력단위	도면해독
능력단위 요소	2. 도면해독하기	평가유형	포트폴리오	문항 수	5
평가시간	20분	배점	52	평가자	(서명)

평가 문항 (수행 내용)

[문제 6] 제작도에서 $30^{+0.015}_{-0.010}$ 이라고 치수 지정이 되었을 때, 최대 허용 치수와 기준 치수와의 치수 허용차(mm)를 구하시오. (10점)

ㅇ 계산 과정:

ㅇ 답:

[정답]

1. 계산 과정

- 최대 허용 치수 = 기준 치수 (3 0(mm) + 위치수 허용차(+0.015mm) = 30.015(mm)
- 기준 치수 = 기준이 되는 치수 30(mm)
- 치수 허용차는 최대 허용 치수와 최소 허용 치수로 구분한다.

최대 허용 치수 = 기준 치수(30(mm) + 위치수 허용차(+0.015mm) = 30.015(mm)

최소 허용 치수 = 기준 치수(30(mm) + 아래치수 허용차(-0.010mm) = 29.990(mm)

2. 정답:

- 최대 허용 치수 = 30.015(mm) - 기준 치수 = 30(mm)
- 최대 허용 치수 = 30.015(mm) - 최소 허용 치수 = 29.990(mm)

[문제 7] 다음 설명한 내용에 적합한 조립 방법은 무엇인지 작성하시오. (10점)

일반적으로 사용되는 기계조립 방법으로서 수리, 정비, 조절 등의 조립품들을 분해할 수 있는 장점이 있는 조립 방법을 말한다.

( )

[정답] 볼트와 너트의 체결 기계적 조립

일반적으로 사용되는 조립 방법으로서 수리, 정비, 조절 등의 조립품들을 분해할 수 있는 장점이 있는 조립 방법이다.

평가 문항 (수행 내용)	[문제 8] 다음 치공구를 결정하는데 3가지 요소를 작성해 보시오. (10점) ① ( ) ② ( ) ③ ( ) [정답] ① 위치 결정구, ② 위치 결정면, ③ 고정구(클램프) 치공구를 결정하는데 3가지 요소는 ① 위치 결정구, ② 위치 결정면, ③ 고정구(클램프) [문제 9] 다음은 재질의 번호, 최저 인장 강도를 숫자나 알파벳으로 표시한다. 아래 기호 S M 20C 의 재료 기호의 의미를 간단하게 작성해 보시오. (12점) ① S : ② M : ③ 20C : [정답] S S 330 (일반 구조용 압연 강재)에서 재료 기호가 나타내는 의미는 다음과 같다. 첫 번째: S는 강(Steel) 두 번째: S는 (일반 구조용 압연재(General structural rolling plate)) 세 번째: 330은 최저 인장강도(330N/㎟, 34㎏/㎟) [문제 10] 다음은 끼워 맞춤에 대한 설명이다. ( )의 내용을 채워 작성하시오.(10점) ① 구멍과 축 사이에 반드시 틈새가 있는 끼워 맞춤, 즉 구멍의 최소 허용 치수가 축의 최대 허용 치수보다 큰 끼워 맞춤을 무엇이라 하는가? ( ) ② 구멍과 축 사이에 반드시 죔새가 있는 끼워 맞춤, 즉 구멍의 최대 허용 치수가 축의 최소 허용 치수와 같거나 또는 그보다 큰 끼워 맞춤을 무엇이라 하는가? ( ) ③ 구멍의 최소 허용 치수가 축의 최대 허용 치수보다 작고, 또 구멍의 최대 허용 치수가 축의 최소 허용 치수보다 큰 경우의 끼워 맞춤이고 구멍과 축의 실 치수의 크기에 따라서 헐거운 끼워 맞춤이 되거나 억지 끼워 맞춤이 될 수 있는 끼워 맞춤을 무엇이라 하는가? ( ) [정답] ① 헐거운 끼워 맞춤 ② 억지 끼워 맞춤 ③ 중간 끼워 맞춤

과정명	컴퓨터응용가공 산업기사	교과목명	도면해독과 CAM	능력단위	도면해독
능력단위 요소	3. 원가 산정하기	평가 유형	포트폴리오	문항 수	5
평가 시간	10분	배점	30	평가자	(서명)

평가 문항 (수행 내용)

[문제 11] 다음 원가를 구성하는 3가지 원가의 요소는 무엇인지 작성하시오. (6점)

① (　　　　　　　　　　　)

② (　　　　　　　　　　　)

③ (　　　　　　　　　　　)

> [정답]
> 원가의 구성의 3요소에는
> ① 재료비: 제품 제조 과정에 소요되는 원재료 재료의 금액을 산출한 비용
> ② 노무비: 제조 과정에서 소요되는 노동력의 비용
> ③ 제조 경비: 제품 제조에 소비되는 재료비와 노무비를 제외한 비용

(문제 12) 다음은 직접 원가와 간접 원가에 대하여 간략하게 설명해 보시오.(6점)

① 직접 원가:

② 간접 원가:

> [정답]
> ① 직접 원가: 제품·프로세스별로 구분되는 원가로 직접 재료 원가, 직접 노무 원가를 말한다.
> ② 간접 원가: 제품·프로세스별로 구분되지 않는 원가로 간접 노무 원가, 기타 간접 원가, 지원 부서 원가, 부서 원가 등

문제 13) 다음 원가 계산의 목적에 대하여 적정하지 않는 것은? (6점)

① 재무제표 작성을 위한 목적　② 예산관리의 목적

③ 제품 납기를 위한 목적　④ 가격 정책 수립의 목적

⑤ 경영의 기본계획 수립의 목적

평가 문항 (수행 내용)

[정답] ③

원가 계산를 계산하는 목적은 다음과 같은 4가지 목적이 있다.

1. 재무제표 작성을 위한 목적　　2. 예산관리의 목적
3. 가격 정책 수립의 목적　　4. 경영의 기본 계획 수립의 목적

문제 14) 다음은 원가의 구성에 대하여 설명이 적합하지 않는 것은 고르시오. (6점)

① 직접 원가 = 직접 재료비 + 직접 노무비 + 직접 경비를 말하며, 제품을 제조하기까지 소요되는 모든 원가이다.
② 제조 원가 = 직접 원가 + 제조 간접비를 말한다.
③ 총원가 = 제조 원가 + 판매비와 일반관리비를 말한다.
④ 판매가격 = 총원가 + 매출액

[정답] ④

판매가격은 총원가 + 이익으로 총원가에 이익이 포함된 가격으로 실제적으로 구매자에게 판매되는 금액이다.

문제 15) 원가 절감을 위하여 재료비 단가와 관련된 원가 요소별 중점 체크 사항에 해당하지 않는 것은 무엇인지 모두 고르시오. (6점)

① 기능을 충족시키기 위한 사용 재료는 적정한가?
② 경제적인 설비를 배치되었는가?
③ 구입 단가는 적당한가?
④ 공동 구입 또는 일괄 발주를 통해 저렴하게 구매할 수 없는가?
⑤ 공정을 줄일 수 없는가?
⑥ 저렴한 구입처를 개척할 수 없는가?
⑦ 시장조사를 통해 신소재의 정보를 입수하여 설계에 적용하는가?

[정답] ②, ⑤

②은 설비비의 원가 요소별 중점 체크 사항이다.

⑤은 공정에 대한 원가 요소별 중점 체크 사항이다.

A-5 평가 공개 자료

<table>
<tr><td>과정명</td><td>컴퓨터응용가공산업기사</td><td>교과목 명</td><td>도면해독과 CAM</td><td>능력 단위</td><td>도면해독</td></tr>
<tr><td rowspan="3">능력단위 요소</td><td>1. 도면 결정하기</td><td rowspan="3">평가 유형</td><td colspan="3" rowspan="3">포트폴리오(서술형 15문항 평가)</td></tr>
<tr><td>2. 도면해독하기</td></tr>
<tr><td>3. 원가 산정하기</td></tr>
<tr><td>평가 시간</td><td>45분</td><td>평가 일시</td><td></td><td>평가자</td><td>(서명)</td></tr>
<tr><td>평가 문항 (수행 내용)</td><td colspan="5">■ 다음 해당하는 문항에서 요구하는 내용을 작성하시오.
■ 평가기준
(see table below)
■ 평가 시 유의사항
(see table below)</td></tr>
</table>

■ 다음 해당하는 문항에서 요구하는 내용을 작성하시오.

■ 평가기준

<table>
<tr><th>구분</th><th>평가기준</th><th>배점</th><th>득점</th></tr>
<tr><td rowspan="15">포토폴리오평가 (서술형평가)</td><td>1. 사지선다형으로 정답인 경우 3점, 오답은 0점으로 평가한다.</td><td>3</td><td></td></tr>
<tr><td>2. 사지선다형으로 정답인 경우 3점, 오답은 0점으로 평가한다.</td><td>3</td><td></td></tr>
<tr><td>3. 진위형으로 정답인 경우 3점, 오답은 0점으로 평가한다.</td><td>4</td><td></td></tr>
<tr><td>4. 사지선다형으로 정답인 경우 3점, 오답은 0점으로 평가한다.</td><td>4</td><td></td></tr>
<tr><td>5. 선다형으로 정답인 경우 3가지 모두 작성하면 3점, 2가지만 작성하면 2점, 1가지만 작성한 경우 1점으로 평가한다.</td><td>4</td><td></td></tr>
<tr><td>6. 서술형으로 계산식과 정답을 작성한 경우 10점, 계산식 또는 정답만 작성한 경우 8점으로 평가한다.</td><td>10</td><td></td></tr>
<tr><td>7. 서술형으로 정확하게 정답을 작성한 경우 10점, 일부 내용이 맞으면 6점으로 평가한다.</td><td>10</td><td></td></tr>
<tr><td>8. 서술형으로 정확하게 3가지 모두 작성하면 10점, 2가지만 작성하면 8점, 1가지만 작성한 경우 6점으로 평가한다.</td><td>10</td><td></td></tr>
<tr><td>9. 단답형 평가 문항으로 3가지 모두 정답으로 작성한 경우 12점, 2가지 작성 시 10점, 1가만 작성시 6점으로 평가한다.</td><td>12</td><td></td></tr>
<tr><td>10. 단답형 평가 문항으로 3가지 모두 정답으로 작성한 경우 10점, 2가지 작성시 8점, 1가만 작성시 5점으로 평가한다.</td><td>10</td><td></td></tr>
<tr><td>11. 서술형으로 정확하게 3가지 모두 작성하면 6점, 2가지만 작성하면 4점, 1가지만 작성한 경우 2점으로 평가한다.</td><td>6</td><td></td></tr>
<tr><td>12. 서술형으로 정확하게 2가지 모두 작성하면 6점, 1가지만 작성한 경우 4점으로 평가한다.</td><td>6</td><td></td></tr>
<tr><td>13. 사지선다형으로 정답인 경우 6점, 오답은 0점으로 평가한다.</td><td>6</td><td></td></tr>
<tr><td>14. 사지선다형으로 정답인 경우 6점, 오답은 0점으로 평가한다.</td><td>6</td><td></td></tr>
<tr><td>15. 선다형으로 정답을 2가지 모두 체크한 경우 6점, 1가지만 선정한 경우 4점으로 하고 오답은 0점으로 평가한다.</td><td>6</td><td></td></tr>
</table>

■ 평가 시 유의사항

평가 시 유의사항 ②
1. 평가 제한시간은 45분, 10분에 3분 초과 시마다 1점 감점 10분 이상 초과 시 0점 2. 오탈자인 경우 전체 문맥을 보고 판단하여 3개소마다 감점 1점 3. 기타 배점은 평가기준에 따라 적용 ※ 감점 시 배점 이상은 적용하지 않는다.

<table>
<tr><td rowspan="5">주요
평가항목
및
배점</td><th>단원
(능력단위 요소)</th><th>평가 요소</th><th>배점</th></tr>
<tr><td>도면 결정하기</td><td>작업 요구사항 공정별 분류, 필요한 자료 결정, 설계 변경 사항 확인</td><td>18점</td></tr>
<tr><td>도면해독하기</td><td>조립 관계 파악, 가공 정밀도 파악, 도면의 특이사항 확인, 재질 특성 파악, 가공 시간 산정 등</td><td>52점</td></tr>
<tr><td>원가 산정하기</td><td>제조 원가 확인, 원가 반영, 원가 항목별 반영, 원가 변동 측정기 선정, 도면 치수 공차 적용 여부 측정</td><td>30점</td></tr>
<tr><td colspan="2">계</td><td>100점</td></tr>
</table>

A-6 내부평가 시험지

<table>
<tr><td>과정명</td><td>컴퓨터응용가공 산업기사</td><td colspan="2">교과목명</td><td></td><td>능력단위</td><td>도면해독</td></tr>
<tr><td rowspan="3">능력단위 요소</td><td>1. 도면 결정하기</td><td colspan="2" rowspan="3">평가 유형</td><td rowspan="3">포트폴리오
(서술형평가)</td><td rowspan="3">학생명</td><td rowspan="3">(서명)</td></tr>
<tr><td>2. 도면해독하기</td></tr>
<tr><td>3. 원가 산정하기</td></tr>
<tr><td rowspan="2">평가시간</td><td rowspan="2">35분</td><td rowspan="2">평가 일시</td><td>1차</td><td></td><td rowspan="2">평가자</td><td rowspan="2">(서명)</td></tr>
<tr><td>2차</td><td></td></tr>
<tr><td>평가 문항
(수행 내용)</td><td colspan="6">

■ 측정 시편 도면을 보고 과제에서 제시한 내용을 요약하여 작성하시오.

[문제 1] 컴퓨터를 활용한 도면을 관리하는 시스템의 장점에 해당되지 않는 것은 무엇인가? (　　) (3점)
① 여러 가지 도면 자료 및 파일의 통합 관리 체계를 구축할 수 있다.
② 반영구적인 저장 매체로 유실 및 훼손의 염려가 거의 없다.
③ 네트워크를 통하여 도면 및 자료를 공유할 수 있다.
④ 설계 변경이나 도면 검색 시 시간이 많이 소요되어 경제성은 떨어지지만 안정적인 작업의 장점이 있다.

[문제 2] 도면의 검도 항목에 해당하지 않는 것은 무엇인가? (　　) (3점)
① 구조 기능　　② 도형
③ 도면 제작 비용　　④ 도면 양식 및 일반 주의사항

문제 3) 다음은 도면 출도에 대한 설명이다 옳으면 ○표, 틀리면 ×표를 선택하여 쓰시오. (　　　　) (4점)

설계된 조립 및 부품 도면들은 검도를 통하여 승인 후 출도한다. 출도된 도면은 투상도 및 치수 지시, 끼워 맞춤 공차, 기하공차, 주서 등은 지우거나 변경할 수 없다.

[문제 4] 다음 기계제품을 생산하는 공정에 해당되지 않는 것은 무엇인가? (　　) (4점)
① 볼트와 너트의 체결 기계적 조립　　② 제품 수량과 중량
③ 리벳 등의 클램핑 기계적 조립　　④ 접착 본딩

[과제 5] 기계의 구동장치 실시 설계에서 필요한 자료의 종류를 3가지만 작성해 보시오? 예) 키에 관한 자료(KS B 1311) (4점)
1. (　　　　　　　　　　)
2. (　　　　　　　　　　)
3. (　　　　　　　　　　)

</td></tr>
</table>

평가 문항 (수행 내용)

[문제 6] 제작도에서 $30^{+0.015}_{-0.010}$ 이라고 치수 지정이 되었을 때, 최대 허용 치수와 기준 치수와의 치수 허용차(mm)를 구하시오. (10점)

○ 계산 과정:
○ 답:

[문제 7] 다음 설명한 내용에 적합한 조립 방법은 무엇인지 작성하시오.
( ) (10점)

> 일반적으로 사용되는 기계 조립 방법으로서 수리, 정비, 조절 등의 조립품들을 분해할 수 있는 장점이 있는 조립 방법을 말한다.

( )

[문제 8] 다음 치공구를 결정하는데 3가지 요소를 작성해 보시오. (10점)
① ( )
② ( )
③ ( )

[문제 9] 다음은 재질의 번호, 최저 인장 강도를 숫자나 알파벳으로 표시한다. 아래 기호 S M 20C의 재료 기호의 의미를 간단하게 작성해 보시오.(12점)
① S :
② M :
③ 20C :

[문제 10] 다음은 끼워 맞춤에 대한 설명이다. ( )의 내용을 채워 작성하시오.(10점)
① 구멍과 축 사이에 반드시 틈새가 있는 끼워 맞춤, 즉 구멍의 최소 허용 치수가 축의 최대 허용 치수보다 큰 끼워 맞춤을 무엇이라 하는가?
( )
② 구멍과 축 사이에 반드시 죔새가 있는 끼워 맞춤, 즉 구멍의 최대 허용 치수가 축의 최소 허용 치수와 같거나 또는 그보다 큰 끼워 맞춤을 무엇이라 하는가?
( )
③ 구멍의 최소 허용 치수가 축의 최대 허용 치수보다 작고, 또 구멍의 최대 허용 치수가 축의 최소 허용 치수보다 큰 경우의 끼워 맞춤이고 구멍과 축의 실 치수의 크기에 따라서 헐거운 끼워 맞춤이 되거나 억지 끼워 맞춤이 될 수 있는 끼워 맞춤을 무엇이라 하는가? ( )

평가 문항 (수행 내용)	[문제 11] 다음 원가를 구성하는 3가지 원가의 요소는 무엇인지 작성하시오. (6점) ① ( ) ② ( ) ③ ( ) [문제 12] 다음은 직접 원가와 간접 원가에 대하여 간략하게 설명해 보시오. (6점) ① 직접 원가: ② 간접 원가: [문제 13] 다음 원가 계산의 목적에 맞지 않는 것은? ( ) (6점) ① 재무제표 작성을 위한 목적 ② 예산관리의 목적 ③ 제품 납기를 위한 목적 ④ 가격 정책 수립의 목적 ⑤ 경영의 기본계획 수립의 목적 [문제 14] 다음은 원가의 구성에 대하여 설명이 적합하지 않는 것은 고르시오. ( ) (6점) ① 직접 원가 = 직접 재료비 + 직접 노무비 + 직접 경비를 말하며, 제품을 제조하기까지 소요되는 모든 원가이다. ② 제조 원가 = 직접 원가 + 제조 간접비를 말한다. ③ 총원가 = 제조 원가 + 판매비와 일반관리비를 말한다. ④ 판매가격 = 총원가 + 매출액 [문제 15] 원가 절감을 위하여 재료비 단가와 관련된 원가 요소별 중점 체크 사항에 해당하지 않는 것을 모두 고르시오.( ) (6점) ① 기능을 충족시키기 위한 사용 재료는 적정한가? ② 경제적인 설비를 배치되었는가? ③ 구입 단가는 적당한가? ④ 공동 구입 또는 일괄 발주를 통해 저렴하게 구매할 수 없는가? ⑤ 공정을 줄일 수 없는가? ⑥ 저렴한 구입처를 개척할 수 없는가? ⑦ 시장조사를 통해 소재의 정보를 설계에 적용하고 있는가?

A-7 평가도구 채점표

과정명	컴퓨터응용가공 산업기사	교과목명		도면해독과 CAM	능력단위	도면해독
능력단위 요소	1. 도면 결정하기 2. 도면해독하기 3. 원가 산정하기	평가 유형		포트폴리오 (서술형 평가)	평가자	(서명)
평가 시간	45	평가 일시	1차			
			2차			

평가 차수	번호	배점 / 성명	문1	문2	문3	문4	문5	문6	문7	문8	문9	문10	문11	문12	문13	문14	문15	총점	성취 수준	Pass / Fail	훈련생 확인
			3↕0	3↕0	4↕0	4↕0	4↕0	10↕0	10↕0	10↕0	12↕0	10↕0	6↕0	6↕0	6↕0	6↕0	6↕0	(100)			
1차 평가	1																				
	:																				
	:																				
	재평가 대상자																				

평가 차수	번호	배점 / 성명	문1	문2	문3	문4	문5	문6	문7	문8	문9	문10	문11	문12	문13	문14	문15	총점	성취 수준	Pass / Fail	훈련생 확인
			3↕0	3↕0	4↕0	4↕0	4↕0	10↕0	10↕0	10↕0	12↕0	10↕0	6↕0	6↕0	6↕0	6↕0	6↕0	(100)			
2차 평가	1																				
	:																				
	:																				

(Both tables have a spanning header over 문1–문15: 평가 항목(순번) 배점 및 득점)

A-8 평가자 의견 및 피드백

<table>
<tr><td>과정명</td><td>컴퓨터응용가공
산업기사</td><td>교과목명</td><td>도면해독과
CAM</td><td>능력단위</td><td>도면해독</td></tr>
<tr><td rowspan="3">능력단위
요소</td><td>1. 도면 결정하기</td><td rowspan="3">평가
유형</td><td rowspan="3">포트폴리오
(서술형
평가)</td><td rowspan="4">평가자</td><td rowspan="4">(서명)</td></tr>
<tr><td>2. 도면해독하기</td></tr>
<tr><td>3. 원가 산정하기</td></tr>
<tr><td>평가 시간</td><td>45</td><td>평가
일시</td><td></td></tr>
</table>

번호	성명	평가자 의견 및 피드백 내용	훈련생 확인
1			(서명)
2			(서명)
3			(서명)
4			(서명)
5			(서명)
:			(서명)
:			(서명)
:			(서명)
:			(서명)
:			(서명)

A-9 평가 증빙자료

<table>
<tr><td>과정명</td><td>컴퓨터응용가공 산업기사</td><td colspan="2">교과목 명</td><td>도면해독과 CAM</td><td>능력 단위</td><td>도면해독</td></tr>
<tr><td rowspan="3">능력단위 요소</td><td>1. 도면 결정하기</td><td colspan="2" rowspan="3">평가유형</td><td rowspan="3">포트폴리오
(서술형 평가)</td><td rowspan="5">평가자</td><td rowspan="5">(서명)</td></tr>
<tr><td>2. 도면해독하기</td></tr>
<tr><td>3. 원가 산정하기</td></tr>
<tr><td rowspan="2">평가 시간</td><td rowspan="2">45분</td><td rowspan="2">평가일시</td><td>1차</td><td></td></tr>
<tr><td>2차</td><td></td></tr>
<tr><td colspan="7">사진</td></tr>
</table>

1차 평가

A-10 능력단위 성적표

<table>
<tr><td>과정명</td><td>컴퓨터응용가공 산업기사</td><td colspan="2">교과목명</td><td>도면해독과
CAM</td><td>능력 단위</td><td>도면해독</td></tr>
<tr><td rowspan="3">능력단위
요소</td><td>1. 도면 결정하기</td><td colspan="2" rowspan="3">평가 유형</td><td rowspan="3">포트폴리오
(서술형 평가)</td><td rowspan="5">평가자</td><td rowspan="5">(서명)</td></tr>
<tr><td>2. 도면해독하기</td></tr>
<tr><td>3. 원가 산정하기</td></tr>
<tr><td rowspan="2">평가 시간</td><td rowspan="2">45</td><td rowspan="2">평가
일시</td><td>1차</td><td></td></tr>
<tr><td>2차</td><td></td></tr>
</table>

번호	성명	능력 단위 점수		성취 수준		Pass / Fail	
		1차	2차	1차	2차	1차	2차
1							
2							
3							
4							
5							
:							
:							
:							
:							
:							

A-11 능력단위 수행평가서

<table>
<tr><td rowspan="2">학습자 명:</td><td rowspan="2">평가자 명:
(서명)</td><td colspan="3">평 가 일 시</td></tr>
<tr><td>1차</td><td>년 월 일</td><td></td></tr>
<tr><td colspan="2" rowspan="2">교과목명 : 도면해독과 CAM</td><td>2차</td><td>년 월 일</td><td></td></tr>
<tr><td>3차</td><td>년 월 일</td><td></td></tr>
<tr><td colspan="2" rowspan="8">평가 방법:
본 평가는 단계별 자기 평가의 학습과정이 완료된 학습자에 대하여 평가를 합니다.
학습을 위한 준비에서부터 실습의 완료 후 동작 확인까지 아래 사항의 수행기준에 근거하여 학습자를 평가하여야 합니다.
(본 능력 단위의 평가 방법 등을 안내하여 학습자로 하여금 학습 준비를 할 수 있도록 함)</td><td colspan="3">전체 평가(고정 내용으로서 임의 변경 불가)</td></tr>
<tr><td>성취 수준</td><td colspan="2">수행 정도</td></tr>
<tr><td></td><td colspan="2">5. 해당 지식과 기술을 확실하게 습득하여 직무수행에 필요한 기술적 사고력과 문제 해결력을 토대로 주도적으로 완벽한 작업을 수행할 수 있다.</td></tr>
<tr><td></td><td colspan="2">4. 해당 지식과 기술을 습득하여 직무수행에 필요한 기술적 사고력과 문제해결력을 토대로 작업을 수행할 수 있다.</td></tr>
<tr><td></td><td colspan="2">3. 해당 지식과 기술을 대부분 습득하여 직무수행에 필요한 지식과 기술을 가지고 대부분의 작업을 수행할 수 있다.</td></tr>
<tr><td></td><td colspan="2">2. 해당 지식과 기술을 부분적으로 습득하여 직무수행에 필요한 지식과 기술을 가지고 타인과 공동으로 작업을 수행할 수 있다.</td></tr>
<tr><td></td><td colspan="2">1. 해당 지식과 기술을 습득하는데 부족함이 있어 타인의 도움을 받아야만 작업을 수행할 수 있다.</td></tr>
<tr><td colspan="3">평가자는 학습자의 달성 정도를 성취 수준에 표시한다.</td></tr>
</table>

평가 영역(단원 명)	수 행 준 거	예	아니오
1502010402_14v2.1 도면 결정하기	1.1 작업 요구사항에 적합한 도면을 공정별로 분류할 수 있다.		
	1.2 해당 도면을 해독하기 위해 필요한 자료를 결정하고 수집할 수 있다.		
	1.3 해당 도면의 개정(version), 설계 변경 사항을 확인할 수 있다.		
1502010402_14v2.2 도면 해독하기	2.1 부품의 전체적인 조립 관계와 각 부품별 조립 관계를 파악할 수 있다.		
	2.2 도면에서 해당 부품의 주요 가공 부위를 선정하고, 주요 가공 치수를 결정할 수 있다.		
	2.3 가공공차에 대한 가공 정밀도를 파악하고 그에 맞는 가공설비 · 치공구를 결정하고 공정별로 설비를 분류 결정할 수 있다.		
	2.4 도면에서 해당 부품에 대한 특이 사항을 정의하고 작업에 반영하여 방법을 결정할 수 있다.		
	2.5 도면에서 해당 부품에 대한 재질 특성을 파악하여 가공 가능성을 결정할 수 있다.		
	2.6 도면을 보고 가공 시간을 산정하고, 완성 시 예상되는 작업 결과를 파악할 수 있다.		
1502010402_14v2.3 원가 산정하기	3.1 원가 산정에 필요한 모든 조건을 고려하여 제조의 원가를 확인할 수 있다.		
	3.2 사용자의 요구사항이 원가에 반영되었는지를 확인할 수 있다.		
	3.3 단품의 원가를 항목별로 정리할 수 있다.		
	3.4 원가 변동에 대한 요인을 모두 반영할 수 있다.		
	3.5 실패 비용 발생 부분을 원가에 반영할 수 있다.		
	3.6 효율적인 원가 절감 방안을 모색할 수 있다.		
	3.7 산정된 원가의 역계산을 통하여 오류 없음을 검증할 수 있다.		
	3.8 원가 계산 과정 완료 후, 사내 규정에 의하여 문서화하고, 이를 관련 부서에 전달할 수 있다.		

A-12 학생별 교과목과 능력단위 종합평가서

훈련과정명	훈련 기간	학습자 명	최종 확인자 (지도교사)
컴퓨터응용가공 산업기사			

교과목명	능력단위 분류번호 능력단위명	평가자 명	최종 평가 일시	평가 결과 (성취 수준)
머시닝센터	1502010405_18v3 CNC 밀링(머시닝센터) 조작(CAM)			
	1502010406_18v5 CNC 밀링(머시닝센터)가공 프로그래밍(CAM)			
CNC 선반	1502010403_18v3 CNC 선반 조작(CAM)			
	1502010404_18v5 CNC 선빈가공 프로그래밍(CAM)			
선반	1502010104_16v4 기본 작업(선반)			
	1502010105_16v4 단순 형상(선반)			
측정	1502010504_14v2 기본 측정기 사용(측정)			
밀링	1502010204_16v4 기본 작업(밀링 가공)			
	1502010207_16v4 엔드밀 가공			
도면해독과 CAM	1502010402_14v2 도면해독			
	1502010407_18v5 CNC 선반가공 CAM 프로그래밍			
CAM	1502010408_18v5 CNC 밀링(머시닝센터)가공 CAM 프로그래밍			
3D CAD	1501020113_16v3 3D 형상 모델링 작업			

채점 및 보관용

[능력단위 : 도면해독]

_______ 년 ___ 월 ___ 일

■ 성 명 : ______________________

2. CNC 선반 조작

NCS 기반 평가도구 개발

[CNC 선반 조작(1502010403_18v3)]

- 제 출 일 : ____________________
- 소 속 : ____________________
- 교과목명 : ____________________
- 개 발 자 : ____________________

【능력단위명 : CNC 선반 조작】

대분류	중분류	소분류	세분류
15. 기계	02. 기계 가공	01. 절삭 가공	02. CAM 가공

A-1 능력단위 주요 평가영역 도출

<table>
<tr><th>구분</th><th colspan="6">내용</th></tr>
<tr><td>훈련 목표</td><td colspan="6">CNC 선반 장비의 취급 설명서를 숙지하고 장비를 조작할 수 있다.</td></tr>
<tr><td>장비 · 재료</td><td colspan="4">• CNC 선반
• 측정기류(버니어캘리퍼스, 마이크로미터)
• CNC 프로그램 전송장치
• 절삭공구(황삭바이트, 정삭바이트, 홈바이트 등)
• 공구홀더</td><td colspan="2">• SM45C ∅50×100
• 절삭유
• 윤활유</td></tr>
<tr><td>평가 시 고려사항</td><td colspan="6">• 사용 장비 조작 방법
• 장비 안전운전 방법
• 공작물 좌표계의 설정에 대한 지식
• 공구 길이, 위치, 지름에 대한 보정
• 클램프 장치의 종류 및 특성
• 절삭유의 종류 및 특성
• 금속 재료의 종류 및 특성
• 비철금속에 대한 지식</td></tr>
<tr><td>주요 평가 영역</td><td>지식</td><td></td><td>기술</td><td>○</td><td>태도</td><td>○</td></tr>
</table>

A-2 평가 방법 및 문항 수 도출

능력단위	능력단위 요소	주요 평가 영역			능력단위 요소 연계성	문항 수	평가 방법
		지식 (지필)	기술·태도 (수행관찰)	기술 (산출물)			
CNC 선반 조작	CNC 선반 조작 준비하기		√		.1 .2 .3	2	포트폴리오
	CNC 선반 조작하기			√	.1 .2 .3	2	포트폴리오
	측정 · 검사하기			√	.1 .2 .3	1	포트폴리오

A-3 능력단위 요소별 배점기준 도출

능력단위	능력단위 요소	훈련 필요성			합계 Ⓓ	배점 비중 (Ⓓ/Ⓔ)*100
		중요도 Ⓐ	난이도 Ⓑ	활용 빈도 Ⓒ		
		낮음 ↔ 보통 ↔ 높음 ① ② ③				
CNC 선반 조작	CNC 선반 조작 준비하기	2	3	2	7	37
	CNC 선반 조작하기	3	3	3	9	48
	측정 · 검사하기	1	1	1	3	15
계 Ⓔ		6	7	7	19	100

A-4 교수자용 평가 문항 개발

(1) 서술형 평가 문항

과정명	컴퓨터응용가공 산업기사	교과목명	CNC 선반	능력 단위	CNC 선반 조작
능력단위 요소	CNC 선반 조작 준비하기 CNC 선반 조작하기 측정 · 검사하기	평가 유형	포트폴리오 (서술형 평가)	문항 수	7
평가 시간	30분	배점	20점	평가자	(서명)

평가 문항 (수행 내용)

■ 다음 가공 도면

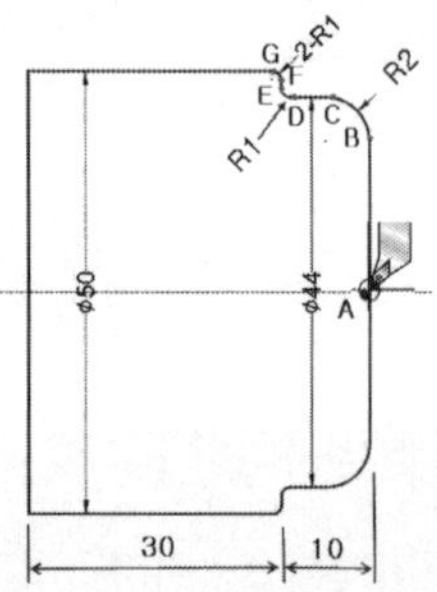

■ 평가기준

구분	평가기준	배점	득점 1차	득점 2차
포토 폴리오 평가	1. 정답을 쓴 경우 2점으로 처리하고, 그 외 오답은 0점 처리한다.	2		
	2. 2가지를 모두 만족해야 2점으로 처리한다.	4		
	3. 2가지를 쓴 경우 4점, 1가지를 쓴 경우 2점으로 처리한다.	2		
	4. 정답을 쓴 경우 2점으로 처리하고, 그 외 오답은 0점 처리한다.	2		
	5. 정답을 쓴 경우 2점으로 처리하고, 그 외 오답은 0점 처리한다.	2		
	6. 정답을 쓴 경우 4점으로 처리하고, 그 외 오답은 0점 처리한다.	4		
	7. 3가지 모두 작성한 경우 4점, 2가지만 작성한 경우 2점, 그 외 오답은 0점으로 처리한다.	4		

■ 평가 시 유의사항

평가 시 유의사항②
1. 과제 평가 제한 시간은 20분으로 20분에서 2분 초과 시마다 1점 감점 5분 이상 초과 시 0점 2. 정확한 단어로 서술하고 오탈자인 경우 전체 문맥을 보고 판단하여 3개소마다 감점 1점 3. 기타 배점은 평가기준에 따라 적용 ※ 감점 시 배점 이상은 적용하지 않는다.

평가 문항 (수행 내용)

■ 과제에서 제시한 내용을 요약하여 작성하시오.

[과제 1] CNC 선반 조작 시 전원 투입 후 수동 원점 복귀를 실행하지 않았을 때 발생할 문제점을 쓰시오. (1. CNC 선반 조작 준비하기: 2점)
정답:

[정답]
CNC가 기계 원점을 인식하지 못하여 좌표계 설정이 불가함.

[과제 2] CNC 선반 수동 원점 복귀 시 X축, Z축 중 어느 축부터 실행해야 하는지 쓰고 그 이유를 쓰시오. (1. CNC 선반 조작 준비하기 : 2점)
정답: _____축
이유:

[정답]
X축
이유: Z축부터 실행 시 터릿이 심압대에 충돌 위험이 있음.

[과제 3] 다음은 CNC 선반 공구 위치 보정으로 인한 공작물 좌표계 설정 순서이다. 다음 중 ( ) 안을 채우시오. (2. CNC 선반 조작하기 : 4점)

[보기]
전원 투입 -> ( ) -> 공작물 단면 가공 -> 현재 Z축 위치와 기계 원점과의 거리 입력 -> 공작물 외경 가공 -> ( ) -> 외경 측정값 입력 -> 공구 교환 후 반복 작업

[정답]
전원 투입 -> (수동 원점 복귀) -> 공작물 단면 가공 -> 현재 Z축 위치와 기계 원점과의 거리 입력 -> 공작물 외경 가공 -> (공작물 외경 측정) -> 외경 측정값 입력 -> 공구 교환 후 반복 작업

[과제 4] 현재 선택한 문자나 숫자를 새로운 데이터로 수정할 때 사용하는 편집 키를 쓰시오.
(1. CNC 선반 조작하기: 2점)
정답:

[정답] ALTER

평가 문항 (수행 내용)	[과제 5] 다음은 CNC 선반 조작판 중 어떤 기능을 설명하는 것인지 쓰시오. (1. CNC 선반 조작하기: 2점) [예시] 이 스위치가 ON되면 이송 속도는 프로그램에 입력한 이송 속도 (F)값을 무시하고, 조작반의 절삭 이송 속도 조절 스위치(FEEDRATE OVERRIDE)의 선택되어진 이송 속도로 이송한다. [정답] 드라이 런 (DRY RUN) [과제 6] 다음 보기와 같이 프로그래밍을 하였을 경우 소재 ∅25를 절삭 속도 (V=100(m/mim)로 가공할 경우 주축 속도를 구하시오. (2. CNC 선반 조작하기 4점) [보기] G50 S1200 G96 S200 M03 (단, π=3으로 계산하시오) [정답] 회전수(N): 1200(rpm/min) [과제 7] CNC 선반 작업 시 떨림 현상이 발생하는 원인을 3가지 이상 쓰시오. (2. CNC 선반 조작하기 4점) [정답] 1. 절삭공구 및 소재를 너무 길게 장착하였다. 2. 인서트 팁의 NOSE R이 큰 것을 사용하였다. 3. 인서트 팁의 여유 각이 작다. 4. 바이트의 높이가 낮다. 5. 홈 바이트의 폭이 크다. 6. 주축 회전수가 빠르다. 7. 절입량이 작다. 8. 기계 유압이 낮다.

(2) 작업형 평가 문항

과정명	컴퓨터응용가공 산업기사	교과목명	CNC 선반	능력단위	CNC 선반 조작
능력단위 요소	CNC 선반 조작 준비하기 CNC 선반 조작하기 측정 · 검사하기	평가유형	포트폴리오 (작업형 평가)	문항수	1
평가 시간	1시간	배점	80점	평가자	(서명)

평가문항 (수행내용)

■ 다음 도면을 보고 작업을 준비하여 프로그램을 작성한 후 CNC 선반을 이용하여 가공하고 측정하시오.

[요구사항]

1. 과제: 원호가공
2. 작업 순서

가. 작업 준비
- 장비 조작: 전원을 공급하여 원점 복귀 등 안전하게 장비를 조작한다.
- 공작물 고정: 공작물의 치수를 확인한 다음 설치된 척에 고정한다.
- 작업공정 순으로 절삭공구를 선정하여 설치한다.
- 알람 메세지가 발생할 경우 정보를 확인하여 조치한다.

나. 본 가공 수행하기
- 설치된 공작물의 공작물 좌표계를 설정한다.
- 수동으로 가공 프로그램을 작성한다.
- 작성된 프로그램의 공구 경로를 확인한다.
- 절삭 조건표를 확인하여 가공한다.
- 가공품의 치수를 확인한 후 공구 보정량을 이용하여 보정값을 수정할 수 있다.

다. 검사 · 수정하기
- 가공부의 치수를 확인하여 적합한 측정기를 선정한다.
- 선정된 측정기로 측정한다.
- 측정값을 확인하고 수정이 필요한 경우 재가공하고 측정한다.

3. 세부 요구사항
- 도면의 치수의 공차가 기입되지 않은 부위는 ±0.05mm를 적용하여 가공하시오.

제시도면

■ 도면

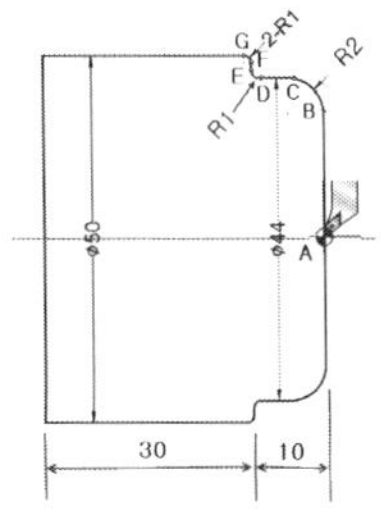

능력단위요소	평가 요소	순번	평가 항목 (채점 항목)	배점			1차 평가	2차 평가	득점	
				상	중	하			1차	2차
작업 준비	장비조작	1	장비 조작	12	8	4				
	안전운전	2	공작물 설치	7	5	3				
	공구 설치	3	공구 설치	7	5	3				
	작업 공정	4	작업 공정	7	5	3				
	소 계(33점)									
본 가공 수행하기	평가 요소	순번	평가 항목 (채점 항목)	배점			1차 평가	2차 평가	득점 1차	득점 2차
	좌표계 설정	5	워크 좌표계 설정	6	4	3				
	공구 보정	6	공구 길이 보정	5	3	2				
	시제품 가공	7	프로그램 작성	6	4	3				
	좌표계 수정	8	좌표계 수정	5	3	2				
	프로그램 수정	9	프로그램 수정	5	3	2				
	공구 교환	10	공구 교환	5	3	2				
	소 계(32점)									
검사 · 수정하기	평가 요소	순번	평가 항목 (채점 항목)	배점 상	배점 중	배점 하	1차 평가	2차 평가	득점 1차	득점 2차
	측정기 선정	11	측정기 선정	4	3	2				
	"0" 점 확인	12	측정 방법	3	2	1				
	측정	13	외관검사	4	3	2				
	재가공	14	정밀공차	4	3	2				
	소 계(15점)									
최종 점수										
평가자 의견 및 피드백									훈련생 확인	
									(서명)	

평가 문항 (수행 내용)	■ 수동 프로그램 작성 제출 (G 코드)

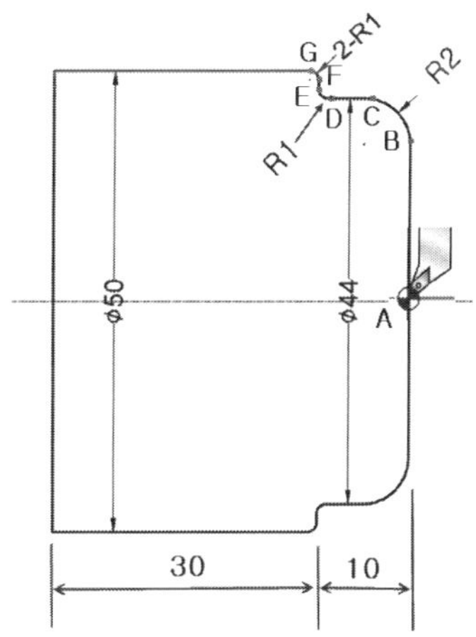

G90 G54 G00 X150. Z150. ;	
T0100 ;	(주축 최대회전수)
G50 S1200 ;	(주축속도 정회전 S120 설성)
G96 S120 M03 ;	(공작물좌표계 설정 공구보정 적용)
G00 X54. Z5. T0101 G42 ;	(가공시작점으로 급속이송)
X-2. ;	
G01 Z0. F0.2 M8 ;	(공작물에 접근하여 직선절삭)
X0. ;	(A지점으로 직선절삭)
X40. ;	(A-B 직선가공)
G03 X44. Z-2. R2. ;	(B-C 원호가공)
G01 Z-9. ;	(C-D 직선가공)
G02 X46. Z-10. R1. ;	(D-E 원호가공)
G01 X48. ;	(E-F 직선가공)
G03 X50. Z-11. R1. ;	(F-G 원호가공)
G01 X54. M09 ;	
G00 X150. Z150. T0100 G40	(가공위치 도피)
G28 U0. W0.	
M30	

A-5 평가 공개자료

(1) 서술형 평가 공개용

과정명	컴퓨터응용가공 산업기사	교과목명	CNC 선반	능력단위	CNC 선반 조작
능력단위 요소	CNC 선반 조작 준비하기 CNC 선반 조작하기 측정 · 검사하기	평가유형	포트폴리오 (서술형 평가)	문항 수	7
평가 시간	20분	배점	20점	평가자	(서명)

평가 문항 (수행 내용)

■ 다음 가공 도면

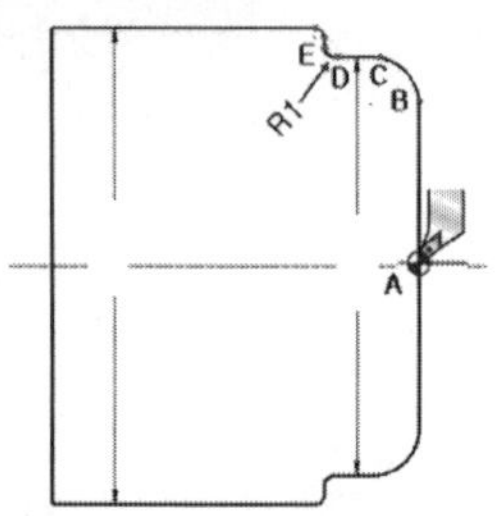

■ 평가기준

구분	평가기준	배점	득점 1차	득점 2차
포토 폴리오평가	1. 정답을 쓴 경우 2점으로 처리하고, 그 외 오답은 0점 처리한다.	2		
	2. 2가지를 모두 만족해야 2점으로 처리한다.	4		
	3. 2가지를 쓴 경우 4점, 1가지를 쓴 경우 2점으로 처리한다.	2		
	4. 정답을 쓴 경우 2점으로 처리하고, 그 외 오답은 0점 처리한다.	2		
	5. 정답을 쓴 경우 2점으로 처리하고, 그 외 오답은 0점 처리한다.	2		
	6. 정답을 쓴 경우 2점으로 처리하고, 그 외 오답은 0점 처리한다.	4		
	7. 3가지 모두 작성한 경우 4점, 2가지만 작성한 경우 2점, 그 외 오답은 0점으로 처리한다.	4		

■ 평가 시 유의사항

평가 시 유의사항②

1. 과제 평가 제한 시간은 20분으로 20분에서 2분 초과 시마다 1점 감점 5분 이상 초과 시 0점
2. 정확한 단어로 서술하고 오탈자인 경우 전체 문맥을 보고 판단하여 3개소마다 감점 1점
3. 기타 배점은 평가기준에 따라 적용

※ 감점 시 배점 이상은 적용하지 않는다.

(2) 작업형 평가 공개용

<table>
<tr><td>과정명</td><td>컴퓨터응용가공 산업기사</td><td>교과목명</td><td>CNC 선반</td><td>능력단위</td><td>CNC 선반 조작</td></tr>
<tr><td rowspan="3">능력단위 요소</td><td>CNC 선반 조작 준비하기</td><td rowspan="3">평가 유형</td><td rowspan="3">포트폴리오
(도면 제시형)</td><td rowspan="3">문항 수</td><td rowspan="3">7</td></tr>
<tr><td>CNC 선반 조작하기</td></tr>
<tr><td>측정 · 검사하기</td></tr>
<tr><td>평가 시간</td><td>20분</td><td>배점</td><td>20점</td><td>평가자</td><td>(서명)</td></tr>
</table>

평가문항 (수행내용)

■ 다음 도면을 보고 작업을 준비하여 프로그램을 작성한 후 CNC 선반을 이용하여 가공하고 측정하시오.

[요구사항]

1. 과제: 황삭, 정삭, 홈가공
2. 작업 순서

가. 작업 준비
- 장비 조작: 전원을 공급하여 원점 복귀 등 안전하게 장비를 조작한다.
- 공작물 고정: 공작물의 치수를 확인한 다음 설치된 척에 고정한다.
- 작업 공정 순으로 절삭공구를 선정하여 설치한다.
- 알람 메세지가 발생할 경우 정보를 확인하여 조치한다.

나. 본 가공 수행하기
- 설치된 공작물의 공작물 좌표계를 설정한다.
- 수동으로 가공 프로그램을 작성한다.
- 작성된 프로그램의 공구 경로를 확인한다.
- 절삭 조건표를 확인하여 가공한다.
- 가공품의 치수를 확인한 후 공구 보정량을 이용하여 보정값을 수정할 수 있다.

다. 검사 · 수정하기
- 가공부의 치수를 확인하여 적합한 측정기를 선정한다.
- 선정된 측정기로 측정한다.
- 측정값을 확인하고 수정이 필요한 경우 재가공하고 측정한다.

3. 세부 요구사항
- 도면의 치수의 공차가 기입되지 않은 부위는 ±0.05mm를 적용하여 가공하시오.

제시도면

■ 도면

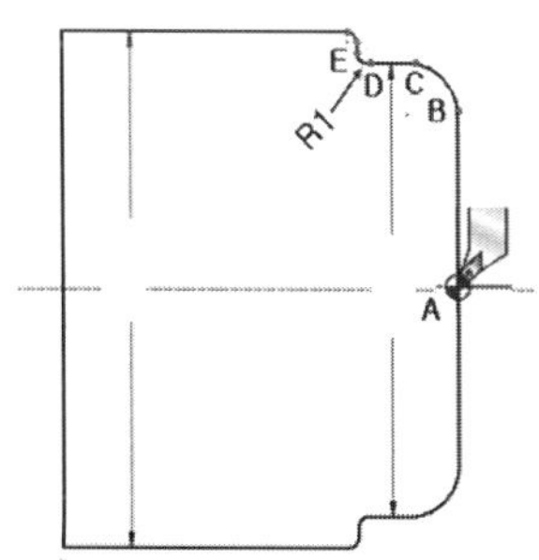

주요 평가항목 및 배점	단원(능력단위 요소)	평가 요소	배점
	CNC 선반 조작 준비하기	장비 조작, 공작물 고정, 작업 공정, 알람 해제	37
	CNC 선반 조작하기	공작물 좌표계 설정, 수동 가공 프로그램 작성, 공구 경로 확인, 절삭 조건 설정, 가공 및 보정	48
	측정 · 검사하기	측정기 선정, 측정, 필요 시 재가공	15
	계		100점

A-6 내부평가 시험지

(1) 서술형 평가 시험지

과정명	컴퓨터응용가공 산업기사	교과목명		CNC 선반	능력단위	CNC 선반 조작
능력단위 요소	CNC 선반 조작 준비하기 CNC 선반 조작하기 측정 · 검사하기	평가유형		포트폴리오 (서술형)	학생 명	(서명)
평가 시간	20분	평가 일시	1차		평가자	(서명)
			2차			

평가 문항 (수행 내용)

■ 다음 가공 도면

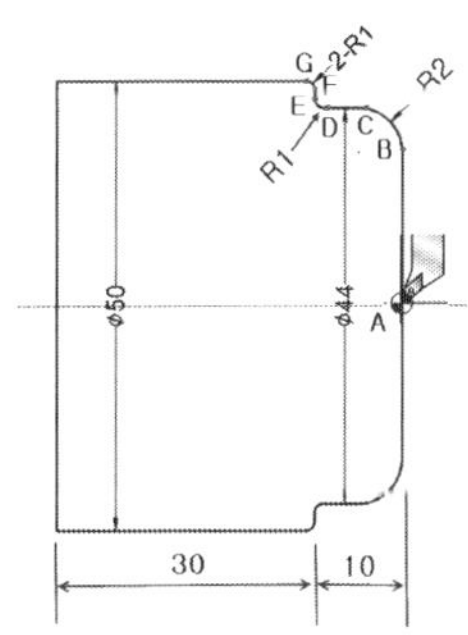

■ 평가기준

구분	평가기준	배점	득점 1차	득점 2차
포토 폴리오평가	1. 정답을 쓴 경우 2점으로 처리하고, 그 외 오답은 0점 처리한다.	2		
	2. 2가지를 모두 만족해야 2점으로 처리한다.	4		
	3. 2가지를 쓴 경우 4점, 1가지를 쓴 경우 2점으로 처리한다.	2		
	4. 정답을 쓴 경우 2점으로 처리하고, 그 외 오답은 0점 처리한다.	2		
	5. 정답을 쓴 경우 2점으로 처리하고, 그 외 오답은 0점 처리한다.	2		
	6. 정답을 쓴 경우 2점으로 처리하고, 그 외 오답은 0점 처리한다.	4		
	7. 3가지 모두 작성한 경우 4점, 2가지만 작성한 경우 2점, 그 외 오답은 0점으로 처리한다.	4		

■ 평가 시 유의사항

평가 시 유의사항 ②

1. 과제 평가 제한 시간은 20분으로 20분에서 2분 초과 시마다 1점 감점 5분 이상 초과 시 0점
2. 정확한 단어로 서술하고 오탈자인 경우 전체 문맥을 보고 판단하여 3개소마다 감점 1점
3. 기타 배점은 평가기준에 따라 적용

※ 감점 시 배점 이상은 적용하지 않는다.

CHAPTER 02

평가 문항 (수행 내용)

[과제 1] CNC 선반 조작 시 전원 투입 후 수동 원점 복귀를 실행하지 않았을 때 발생할 문제점을 쓰시오. (1. CNC 선반 조작 준비하기: 2점)

정답:

> [정답]
> CNC가 기계원점을 인식하지 못하여 좌표계 설정이 불가함.

[과제 2] CNC 선반 수동 원점 복귀 시 X축, Z축 중 어느 축부터 실행해야 하는지 쓰고 그 이유를 쓰시오. (1. CNC 선반 조작 준비하기: 2점)

정답: _____축

이유:

> [정답]
> X 축
> 이유: Z축부터 실행 시 터릿이 심압대에 충돌 위험이 있음.

[과제 3] 다음은 CNC 선반 공구 위치 보정으로 인한 공작물 좌표계 설정 순서이다. 다음 중 ( ) 안을 채우시오. (2. CNC 선반 조작하기: 4점)

> [보기]
> 전원 투입 ➡ (①) ➡ 공작물 단면가공 -> 현재 Z축 위치와 기계 원점과의 거리 입력 -> 공작물 외경가공 ➡ (②) ➡ 외경 측정값 입력 -> 공구 교환 후 반복 작업

> [정답]
> · ①
> · ②

[과제 4] 현재 선택한 문자나 숫자를 새로운 데이터로 수정할 때 사용하는 편집 키를 쓰시오.

(1. CNC 선반 조작하기: 2점)

정답:

> [정답]
> ALTER

평가 문항 (수행 내용)	[과제 5] 다음은 CNC 선반 조작판 중 어떤 기능을 설명하는 것인지 쓰시오. (1. CNC 선반 조작하기: 2점) [예시] 이 스위치가 ON되면 이송 속도는 프로그램에 입력한 이송 속도 (F)값을 무시하고, 조작반의 절삭 이송 속도 조절 스위치(FEEDRATE OVERRIDE)의 선택되어진 이송 속도로 이송한다. [정답 드라이 런 (DRY RUN) [과제 6] 다음 보기와 같이 프로그래밍을 하였을 경우 소재 ∅25를 절삭 속도 (V=100(m/mim)로 가공할 경우 주축 속도를 구하시오. (2. CNC 선반 조작하기: 4점) [보기] G50 S1200 G96 S200 M03 (단, π=3으로 계산하시오) [정답] 회전수(N) : [과제 7] CNC 선반 작업 시 떨림 현상이 발생하는 원인을 3가지 이상 쓰시오. (2. CNC 선반 조작하기: 4점) [정답] 1. 절삭공구 및 소재를 너무 길게 장착하였다. 2. 인서트 팁의 NOSE R이 큰 것을 사용하였다. 3. 인서트 팁의 여유각이 작다. 4. 바이트의 높이가 낮다. 5.

(2) 작업형 평가 시험지

과정명	컴퓨터응용가공 산업기사	교과목명	CNC 선반	능력단위	CNC 선반 조작
능력단위 요소	CNC 선반 조작 준비하기 CNC선반 조작하기 측정 · 검사하기	평가유형	포트폴리오 (작업형)	학생명	(서명)
평가 시간	50분	배점	80	평가자	(서명)

평가 문항 (수행 내용)

■ 다음 도면을 보고 작업을 준비하여 프로그램을 작성한 후 CNC 선반을 이용하여 가공하고 측정하시오.

[요구사항]

1. 과제: 원호가공
2. 작업 순서

가. 작업 준비
- 장비 조작: 전원을 공급하여 원점 복귀 등 안전하게 장비를 조작한다.
- 공작물 고정: 공작물의 치수를 확인한 다음 설치된 척에 고정한다.
- 작업 공정 순으로 절삭공구를 선정하여 설치한다.
- 알람 메세지가 발생할 경우 정보를 확인하여 조치한다.

나. 본 가공 수행하기
- 설치된 공작물의 공작물 좌표계를 설정한다.
- 수동으로 가공 프로그램을 작성한다.
- 작성된 프로그램의 공구 경로를 확인한다.
- 절삭 조건표를 확인하여 가공한다.
- 가공품의 치수를 확인한 후 공구 보정량을 이용하여 보정값을 수정할 수 있다.

다. 검사 · 수정하기
- 가공부의 치수를 확인하여 적합한 측정기를 선정한다.
- 선정된 측정기로 측정한다.
- 측정값을 확인하고 수정이 필요한 경우 재가공하고 측정한다.

3. 세부 요구사항
- 도면의 치수의 공차가 기입되지 않은 부위는 ±0.05mm를 적용하여 가공하시오.

제시도면

■ 도면

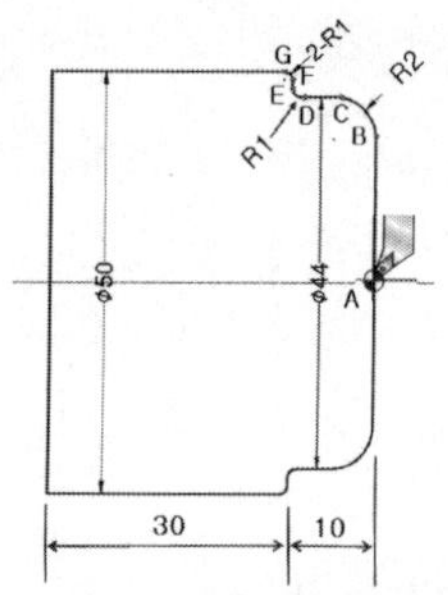

평가 문항 (수행 내용)	■ 수동 프로그램 작성 제출 (G 코드)

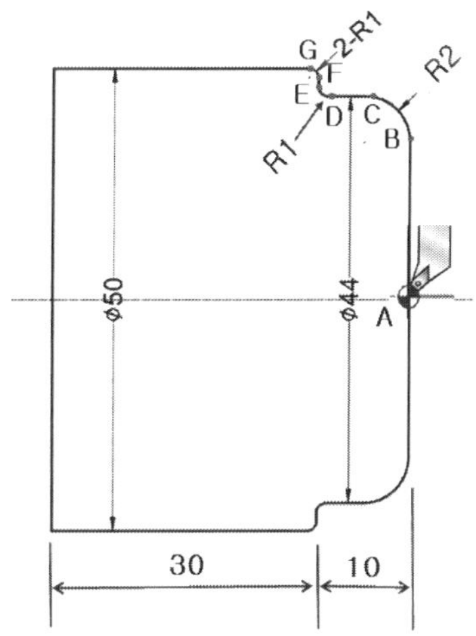


```
G90 G54 G00 X150. Z150. ;
T0100 ;                          (주축 최대 회전수)
G50 S1200 ;                      (주축 속도 정회전 S120 설정)
G96 S120 M03 ;                   (공작물 좌표계 설정 공구 보정 적용)
G00 X54. Z5. T0101 G42 ;         (가공 시작점으로 급속 이송)
X-2. ;
(G01 Z0. F0.2 M8 ;        )      (공작물에 접근하여 직선 절삭)
(X0. ;                    )      (A지점으로 직선 절삭)
(X40. ;                   )      (A-B 직선가공)
(G03 X44. Z-2. R2. ;      )      (B-C 원호가공)
(G01 Z-9. ;               )      (C-D 직선가공)
(G02 X46. Z-10. R1. ;     )      (D-E 원호가공)
(G01 X48. ;               )      (E-F 직선가공)
(G03 X50. Z-11. R1. ;     )      (F-G 원호가공)
G01 X54. M09 ;
G00 X150. Z150. T0100 G40        (가공 위치 도피)
G28 U0. W0.
M30
```

A-7 과제 평가표

능력단위요소	평가 요소	순번	평가 항목 (채점 항목)	배점 상	배점 중	배점 하	1차 평가	2차 평가	득점 1차	득점 2차
작업 준비	장비 조작	1	장비 조작	12	8	4				
	안전운전	2	공작물 설치	7	5	3				
	공구 설치	3	공구 설치	7	5	3				
	작업 공정	4	작업 공정	7	5	3				
	소 계(33점)									
본 가공 수행하기	평가 요소	순번	평가 항목 (채점 항목)	배점			1차 평가	2차 평가	득점 1차	득점 2차
	좌표계 설정	5	워크 좌표계 설정	6	4	3				
	공구 보정	6	공구 길이 보정	5	3	2				
	시제품 가공	7	프로그램 작성	6	4	3				
	좌표계 수정	8	좌표계 수정	5	3	2				
	프로그램 수정	9	프로그램 수정	5	3	2				
	공구 교환	10	공구 교환	5	3	2				
	소 계(32점)									
검사 · 수정하기	평가 요소	순번	평가 항목 (채점 항목)	배점 상	배점 중	배점 하	1차 평가	2차 평가	득점 1차	득점 2차
	측정기 선정	11	측정기 선정	4	3	2				
	"0" 점 확인	12	측정 방법	3	2	1				
	측정	13	외관검사	4	3	2				
	재가공	14	정밀공차	4	3	2				
	소 계(15점)									
최종 점수										
평가자 의견 및 피드백									훈련생 확인	(서명)

A-8 평가도구 채점표

과정명	컴퓨터응용가공산업기사	교과목명		CNC 선반	능력단위	CNC 선반 조작
능력단위 요소	CNC 선반 조작 준비하기 CNC 선반 조작하기 측정 . 검사하기	평가 유형		포트폴리오	평가자	(서명)
평가시간	1시간 10분	평가 일시	1차			
			2차			

평가차수	번호	배점 \ 성명	평가 항목(순번) 배점 및 득점																					총점	성취 수준	Pass / Fail	훈련생 확인
			1	2	3	4	5	6	7	1	2	3	4	5	6	7	8	9	10	11	12	13	14	(100)			
			2 0	2 0	4 2	4 3 0	2 0	4 0	4 2 0	12 8 4	7 5 3	7 5 3	7 5 3	6 4 3	5 3 2	6 4 3	5 3 2	5 3 2	5 3 2	4 3 2	4 3 2	4 3 2	4 3 2				
1차 평가	1																										(서명)
	:																										(서명)
	:																										
	재평가 대상자																										

평가차수	번호	배점 \ 성명	평가 항목(순번) 배점 및 득점																					총점	성취 수준	Pass / Fail	훈련생 확인
			1	2	3	4	5	6	7	1	2	3	4	5	6	7	8	9	10	11	12	13	14	(100)			
			2 0	2 0	4 2	4 3 0	2 0	4 0	4 2 0	12 8 4	7 5 3	7 5 3	7 5 3	6 4 3	5 3 2	6 4 3	5 3 2	5 3 2	5 3 2	4 3 2	4 3 2	4 3 2	4 3 2				
2차 평가	1																										(서명)
	:																										
	:																										(서명)

A-9 평가자 의견 및 피드백

과정명	컴퓨터응용가공 산업기사	교과목명	CNC 선반	능력단위	CNC 선반 조작
능력단위 요소	CNC 선반 조작 준비하기 CNC 선반 조작하기 측정 · 검사하기	평가유형	포트폴리오	평가자	(서명)
평가시간	1시간 10분	평가일시			

번호	성명	평가자 의견 및 피드백 내용	훈련생 확인
1			(서명)
2			
3			
4			
5			
:			
:			
:			
:			
:			

A-10 평가 증빙자료

과정명	컴퓨터응용가공 산업기사	교과목명		CNC 선반	능력단위	CNC 선반 조작
능력단위 요소	CNC 선반 조작 준비하기	평가 유형		포트폴리오	평가자	(서명)
	CNC 선반 조작하기					
	측정 · 검사하기					
평가 시간	1시간 10분	평가 일시	1차			
			2차			
사진						

1차 평가

A-11 능력단위 성적표

과정명	컴퓨터응용가공 산업기사	교과목명		CNC 선반		능력단위		CNC 선반 조작	
능력단위 요소	CNC 선반 조작 준비하기	평가 유형		포트폴리오		평가자		(서명)	
	CNC 선반 조작하기								
	측정 · 검사하기								
평가 시간	1시간 10분	평가 일시	1차						
			2차						
번호	성명	능력단위 점수		성취 수준		Pass / Fail			
		1차	2차	1차	2차	1차	2차		
1									
2									
3									
:									
:									

A-12 능력단위 수행평가서

<table>
<tr><td rowspan="2">학습자 명:</td><td rowspan="2">평가자 명:
(서명)</td><td colspan="3">평 가 일 시</td></tr>
<tr><td>1차</td><td>년 월 일</td><td></td></tr>
<tr><td rowspan="2">교과목명:
CNC선반</td><td rowspan="2">1502010403_18v3
CNC선반</td><td>2차</td><td>년 월 일</td><td></td></tr>
<tr><td>3차</td><td>년 월 일</td><td></td></tr>
<tr><td colspan="2" rowspan="8">평가 방법:
본 평가는 단계별 자기평가의 학습과정이 완료된 학습자에 대하여 평가를 합니다.
학습을 위한 준비에서부터 실습의 완료 후 동작 확인까지 아래 사항의 수행기준에 근거하여 학습자를 평가하여야 합니다.
(본 능력단위의 평가 방법 등을 안내하여 학습자로 하여금 학습 준비를 할 수 있도록 함)</td><td colspan="3">전체 평가(고정 내용으로서 임의 변경 불가)</td></tr>
<tr><td>성취 수준</td><td colspan="2">수행정도</td></tr>
<tr><td></td><td colspan="2">5. 해당 지식과 기술을 확실하게 습득하여 직무수행에 필요한 기술적 사고력과 문제해결력을 토대로 주도적으로 완벽한 작업을 수행할 수 있다.</td></tr>
<tr><td></td><td colspan="2">4. 해당 지식과 기술을 습득하여 직무수행에 필요한 기술적 사고력과 문제해결력을 토대로 작업을 수행할 수 있다.</td></tr>
<tr><td></td><td colspan="2">3. 해당 지식과 기술을 대부분 습득하여 직무수행에 필요한 지식과 기술을 가지고 대부분의 작업을 수행할 수 있다.</td></tr>
<tr><td></td><td colspan="2">2. 해당 지식과 기술을 부분적으로 습득하여 직무수행에 필요한 지식과 기술을 가지고 타인과 공동으로 작업을 수행할 수 있다.</td></tr>
<tr><td></td><td colspan="2">1. 해당 지식과 기술을 습득하는데 부족함이 있어 타인의 도움을 받아야만 작업을 수행할 수 있다.</td></tr>
<tr><td colspan="3">평가자는 학습자의 달성 정도를 성취 수준에 표시한다.</td></tr>
</table>

NCS 기반 평가도구 개발

평가 영역(단원명)	수 행 준 거	예	아니오
1502010403_18v3.1 CNC 선반 조작 준비하기	1.1 CNC 선반 장비의 취급 설명서를 숙지하고 장비를 조작할 수 있다.		
	1.2 CNC 선반 장비의 안전운전 준수사항을 숙지하고 안전하게 장비를 조작할 수 있다.		
	1.3 소재를 적절한 압력으로 척에 고정할 수 있다.		
	1.4 소프트죠(Soft jaw)를 장착할 수 있다.		
	1.5 작업 공정 순으로 절삭공구를 공구대(Turret)에 설치할 수 있다.		
	1.6 CNC 선반 장비의 유지보수 설명서를 숙지하고 장비를 유지 관리할 수 있다.		
	1.7 CNC 선반 컨트롤러의 주요 알람 메시지에 관한 정보를 이해할 수 있다.		
1502010403_18v3.2 CNC 선반 조작하기	2.1 공작물 좌표계 설정을 할 수 있다.		
	2.2 작업 공정에서 선정된 각 공구의 공구 보정(Tool offset)을 할 수 있다.		
	2.3 CNC 프로그램을 전송 매체를 활용하거나 수동 입력을 통해 CNC 선반 컨트롤러에 가공 프로그램을 등록할 수 있다.		
	2.4 자동운전 모드에서 안전하게 시제품을 가공할 수 있다.		
	2.5 가공 부품을 확인하고 공작물 좌표계 보정량 및 공구 보정량을 수정할 수 있다.		
	2.6 생산성을 높이기 위하여 절삭 조건 수정 및 프로그램을 수정할 수 있다.		
	2.7 공구의 수명주기나 손상을 확인하고 교체할 수 있다.		
1502010403_18v3.3 측정 · 검사하기	3.1 부품의 형상과 측정 위치 공차 범위를 고려하여 측정기를 선정할 수 있다.		
	3.2 도면사양에 일치하게 부품을 제작하고 측정기 사용법을 준수하여 측정 및 검사를 할 수 있다.		
	3.3 불량 발생 시 원인을 규명하고 수정할 수 있다.		
	3.4 부품의 검사기준을 정하고 검사 성적서를 작성하여 보고할 수 있다.		

A-13 학생별 교과목과 능력단위 종합평가서

훈련과정명	훈련 기간	학습자 명	최종 확인자 (지도교사)
컴퓨터응용가공 산업기사			

교과목명	능력단위 분류번호 능력단위명	평가자 명	최종 평가 일시	평가 결과 (성취 수준)
머시닝센터	1502010405_18v3 CNC 밀링(머시닝센터) 조작(CAM)			
	1502010406_18v5 CNC 밀링(머시닝센터)가공 프로그래밍(CAM)			
CNC 선반	1502010403_18v3 CNC 선반 조작(CAM)			
	1502010404_18v5 CNC 선반가공 프로그래밍(CAM)			
선반	1502010104_16v4 기본 작업(선반)			
	1502010105_16v4 단순 형상(선반)			
측정	1502010504_14v2 기본 측정기 사용(측정)			
밀링	1502010204_16v4 기본 작업(밀링가공)			
	1502010207_16v4 엔드밀 가공			
도면해독과 CAM	1502010402_14v2 도면해독			
	1502010407_18v5 CNC 선반 가공 CAM 프로그래밍			
CAM	1502010408_18v5 CNC 밀링(머시닝센터)가공 CAM프로그래밍			
3D CAD	1501020113_16v3 3D 형상 모델링 작업			

3. CNC 선반가공 프로그래밍

NCS 기반 평가도구 개발

[CNC 선반가공 프로그래밍(1502010404_18v5)]

- 제 출 일 : ______________________
- 소　　속 : ______________________
- 교과목명 : ______________________
- 개 발 자 : ______________________

【능력단위명: CNC 선반가공 프로그래밍】

대분류	중분류	소분류	세분류
15. 기계	02. 기계가공	01. 절삭가공	02. CAM 가공

A-1 능력단위 주요 평가영역 도출

<table>
<tr><th>구분</th><th colspan="6">내용</th></tr>
<tr><td>훈련 목표</td><td colspan="6">도면을 보고 작업 공정을 설정하고 수동으로 가공 공정에 대한 CNC 선반가공 프로그램을 작성할 수 있다.</td></tr>
<tr><td>장비 · 재료</td><td colspan="6">• CNC 선반
• 측정기류(버니어캘리퍼스, 마이크로미터)
• CNC 프로그램 전송장치
• 절삭공구(황삭바이트, 정삭바이트, 홈바이트 등)
• 공구 홀더
• SM45C ∅50×100
• 절삭유
• 윤활유</td></tr>
<tr><td>평가 시 고려사항</td><td colspan="6">• 절삭공구의 종류 및 특성
• 절삭 속도에 대한 지식
• 좌표계의 종류 및 특성
• 공구 길이, 위치, 지름에 대한 보정
• CNC 선반 준비 기능과 보조 기능에 대한 지식
• 절삭 깊이에 대한 지식
• CNC 선반 가공 프로그램의 알람에 관한 지식
• 프로그램 조작기의 특성
• 절삭 조건 설정 기술
• 프로그램 편집 기술</td></tr>
<tr><td>주요 평가 영역</td><td>지식</td><td></td><td>기술</td><td>○</td><td>태도</td><td>○</td></tr>
</table>

A-2 평가 방법 및 문항 수 도출

능력단위	능력단위 요소	주요 평가 영역			능력단위 요소 연계성	문항 수	평가 방법
		지식 (지필)	기술·태도 (수행관찰)	기술 (산출물)			
CNC 선반가공 프로그래밍	CNC 선반가공 프로그램작성 준비하기		√		.1 .2 .3	2	포트폴리오
	CNC 선반가공 프로그램 작성하기			√	.1 .2 .3	2	포트폴리오
	CNC 선반가공 프로그램 확인하기			√	.1 .2 .3	1	포트폴리오

A-3 능력단위 요소별 배점기준 도출

능력단위	능력단위 요소	훈련 필요성			합계 Ⓓ	배점 비중 (Ⓓ/Ⓔ)*100
		중요도 Ⓐ	난이도 Ⓑ	활용 빈도 Ⓒ		
		낮음 ↔ 보통 ↔ 높음 ①	②	③		
CNC 선반가공 프로그래밍	CNC 선반가공 프로그램 작성 준비하기	1	2	1	4	20
	CNC 선반가공 프로그램 작성하기	3	3	3	9	45
	CNC 선반가공 프로그램 확인하기	2	3	2	7	35
계 Ⓔ		6	8	6	20	100

A-4 교수자용 평가 문항 개발

(1) 서술형 평가 문항

과정명	컴퓨터응용가공 산업기사	교과목명	CNC 선반	능력단위	CNC 선반가공 프로그래밍
능력단위 요소	CNC 선반가공 프로그램 작성 준비하기 CNC선반가공프로그램 작성하기 CNC선반가공프로그램 확인하기	평가 유형	포트폴리오 (서술형 평가)	문항 수	5
평가 시간	20분	배점	20점	평가자	(서명)

평가 문항 (수행 내용)

■ 다음 가공 도면

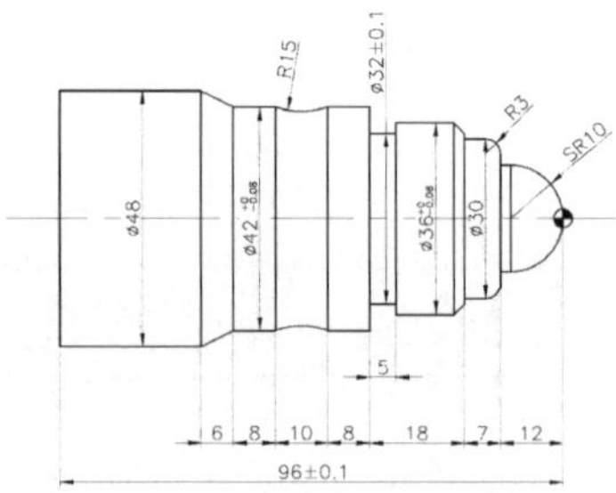

지시없는 모따기 C2

■ 평가기준

구분	평가기준	배점	득점	
			1차	2차
포토 폴리오평가	1. 절삭 속도와 이송 속도 모두 작성하면 4점, 4-5개 작성하면 3점, 2-3개 작성하면 2점, 1가지 작성한 경우 1점으로 처리한다.	4		
	2. G96, G97 모두 작성한 경우 4점, 1가지만 작성한 경우 3점으로 하고 작성하지 못한 경우 0점으로 처리한다.	4		
	3. 단위를 포함하여 2가지 모두 작성한 경우 4점, 1가지만 작성한 경우 3점으로 하고 작성하지 못한 경우 0점으로 처리한다.	4		
	4. 3가지 모두 작성한 경우 4점, 2가지만 적성한 경우 3점, 1가지만 작성한 경우 2점으로 하고 작성하지 못한 경우 0점으로 처리한다.	4		
	5. 보정값을 식과 함께 작성한 경우 4점, 답만 작성한 경우 3점으로 하고 작성하지 못한 경우 0점으로 처리한다.	4		

■ 평가 시 유의사항

평가 시 유의사항 ②
1. 과제 평가 제한 시간은 20분으로 20분에서 2분 초과 시마다 1점 감점 5분 이상 초과 시 0점 2. 정확한 단어로 서술하고 오탈자인 경우 전체 문맥을 보고 판단하여 3개소마다 감점 1점 3. 기타 배점은 평가기준에 따라 적용 ※ 감점 시 배점 이상은 적용하지 않는다.

평가 문항
(수행 내용)

[과제 1] 위의 도면에서 제시된 공작물을 가공하기 위하여 절삭공구를 선정하고자 한다. 알맞은 절삭공구에 ( )에 절삭 조건을 설정하시오.
(1. CNC 선반가공 프로그램 작성 준비하기: 4점)

공구번호	공구명	절삭 속도 회전 속도	이송 속도	공구 반경
T01	황삭 바이트	( ) (m/min)	( )	0.8-0.4
T03	정삭 바이트	( ) (m/min)	( )	0.4
T05	홈 바이트	( ) (rpm)	( )	

[정답]

공구번호	공구명	절삭 속도 회전 속도	이송 속도	공구 반경
T01	황삭 바이트	120-130(m/min)	0.2-0.15	0.8-0.4
T03	정삭 바이트	150-180(m/min)	0.1	0.4
T05	홈 바이트	350-500(rpm)	0.08	

[과제 2] 주축의 회전 속도를 명령하는 기능으로 주소 'S' 를 사용한다. 주축 기능 중 G96과 G97 기능에 대하여 설명하고, 단위를 쓰시오.
(2. CNC 선반 프로그램 작성하기: 4점)

[정답]
- G96: 절삭 속도 일정 제어(m/min)
- G97: 주축 회전수 일정 제어(rpm/min)

[과제 3] G50 코드 지령의 2가지 뜻을 쓰시오.
(2. CNC 선반 프로그램 작성하기: 4점)

[정답] (순서 무관)
- 공작물 좌표계 설정
- 최고 회전수 제한

평가 문항
(수행 내용)

[과제 4] 복합형 고정 사이클 G71 코드이다. 세부 주소 내용에서 (   )의 내용을 작성하시오.
(2. CNC 선반 프로그램 작성하기: 4점)

G71 P__ Q__ U__ W__ D__ F__ ;

- P__ : (   )
- Q__ : 고정 사이클 종료하는 전개번호
- U__ : (   )
- W__ : Z방향 다듬질 절삭 여유
- D__ : (   )

[정답]
G71 P__ Q__ U__ W__ D__ F__ ;

- P__ : 고정 사이클 시작하는 전개번호
- Q__ : 고정 사이클 종료하는 전개번호
- U__ : X방향 다듬질 절삭 여유(지름 명령)
- W__ : Z방향 다듬질 절삭 여유
- D__ : 1회 절입량(반지름 명령, 소수점 명령 가능)

[과제 5] CNC 선반에 지령값 X를 ∅60.0mm로 외경 가공한 후 측정한 결과 ∅59.97이었다. 기존의 X축 보정값이 0.005로 입력되어 있다면 보정값을 얼마로 수정해야 하는지 쓰시오.
(3. CNC 선반 프로그램 확인하기: 4점)

[정답]
보정값 = 0.005 + (60−59.97) = 0.035

(2) 작업형 평가 문항

<table>
<tr><td>과정명</td><td>컴퓨터응용가공 산업기사</td><td>교과목명</td><td>CNC 선반</td><td>능력단위</td><td>CNC 선반가공 프로그래밍</td></tr>
<tr><td rowspan="3">능력단위 요소</td><td>CNC 선반가공 프로그램 작성 준비하기</td><td rowspan="3">평가유형</td><td rowspan="3">포트폴리오
(도면 제시형)</td><td rowspan="3">문항 수</td><td rowspan="3">1</td></tr>
<tr><td>CNC 선반가공 프로그램 작성하기</td></tr>
<tr><td>CNC 선반가공 프로그램 확인하기</td></tr>
<tr><td>평가 시간</td><td>60분</td><td>배점</td><td>80점</td><td>평가자</td><td>(서명)</td></tr>
</table>

평가 문항 (수행 내용)

■ 다음 도면을 보고 작업을 준비하여 프로그램을 작성한 후 CNC 선반을 이용하여 가공하고 측정하시오.

[요구사항]

1. 과제: CNC 선반 프로그래밍
2. 작업 순서
  가. 작성 준비
   - CNC 선반 장비 선정하기
   - 도면 활용하여 작업 공정 및 공구 선정하기
   - 도면 활용하여 절삭 조건 설정하기
  나. 작성하기
   - 도면을 보고 G코드를 활용하여 프로그램 작성하기
   - 좌표계 지령 방식을 프로그램 원점을 기준으로 절대 지령 방식으로 프로그램한다.
   - 사용 공구 및 절삭 조건은 도면을 참고하여 작성한다.
  다. 확인하기
   - 프로그램이 완료되면 시뮬레이터에 입력하여 검증을 하고 오류 발생 시 수정한다.
3. 세부 요구사항:
   - 작성한 프로그램과 검증된 경로 확인 결과를 캡처해서 제출한다.
   - 포트폴리오는 과제 제출 후 3일 이내로 작성하여 제출한다.

제시도면

■ 도면

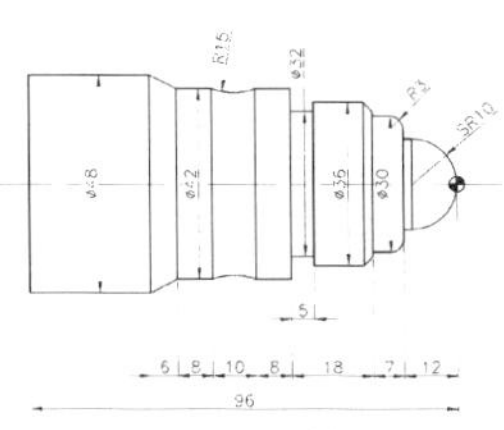

공구번호	공구명	절삭 속도 회전 속도	이송 속도	공구 반경
T01	황삭 바이트	120-130(m/min)	0.2-0.15	0.8-0.4
T03	정삭 바이트	150-180(m/min)	0.1	0.4
T05	홈 바이트	350-500(rpm)	0.08	

능력단위요소	평가 요소	순번	평가 항목 (채점 항목)	배점			1차 평가	2차 평가	득점	
				상	중	하			1차	2차
CNC 선반가공프로그램작성 준비하기	장비 선정	1	장비 선정	3	2	1				
	작업 공정	2	작업 공정	3	2	1				
	공구 선정	3	공구 선정	3	2	1				
	절삭 조건	4	절삭 조건 설정	3	2	1				
	소 계(16점)									
CNC 선반가공프로그램 작성하기	평가 요소	순번	평가 항목 (채점 항목)	배점			1차 평가	2차 평가	득점	
				상	중	하			1차	2차
	NC 프로그램 기초	5	수동 프로그램 작성	10	7	3				
		6	절삭 조건	5	3	2				
	절삭 조건 설정	7	G코드 활용 능력	4	3	2				
	프로그램 작성	8	가공 프로그램 작성	10	7	3				
		9	공구 선택 능력	4	3	2				
	소 계(33점)									
CNC 선반가공프로그램 확인하기	평가 요소	순번	평가항목 (채점항목)	배점			1차 평가	2차 평가	득점	
				상	중	하			1차	2차
	NC프로그램 입력	10	편집 및 입력 능력	9	7	3				
	공구 경로 확인	11	경로 확인	5	3	2				
		12	프로그램 오류 파악	4	3	2				
		13	프로그램 수정 능력	5	3	2				
	프로그램 수정	14	알람 확인 및 조치 내용	8	6	3				
	소 계(31점)									
최종 점수										
평가자 의견 및 피드백									훈련생 확인	
									(서명)	

평가 문항 (수행 내용)	■ 수동 프로그램 작성 제출(G 코드)	

A-5 평가 공개자료

(1) 서술형 평가 공개용

과정명	컴퓨터응용가공 산업기사	교과목명	CNC 선반	능력단위	CNC 선반가공 프로그래밍
능력단위 요소	CNC 선반가공 프로그램 작성 준비하기 CNC선반가공프로그램 작성하기 CNC선반가공프로그램 확인하기	평가유형	포트폴리오 (서술형 평가)	문항 수	5
평가 시간	20분	배점	20점	평가자	(서명)

평가 문항 (수행 내용)

■ 다음 가공 도면

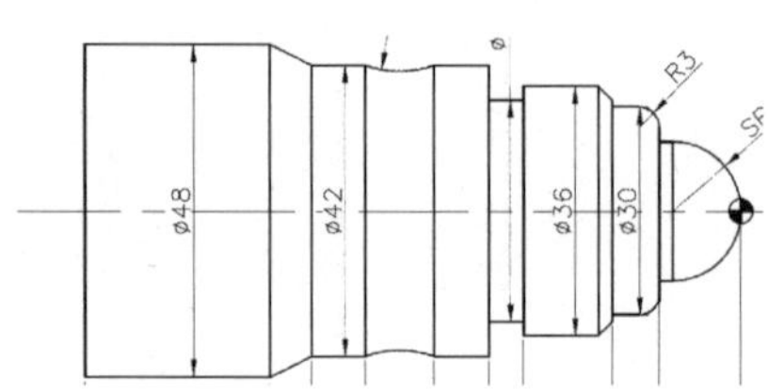

■ 평가기준

구분	평가기준	배점	득점	
			1차	2차
포트폴리오평가	1. 절삭 속도와 이송 속도 모두 작성하면 4점, 4-5개 작성하면 3점, 2-3개 작성하면 2점, 1가지 작성한 경우 1점으로 처리한다.	4		
	2. G96, G97 모두 작성한 경우 4점, 1가지만 작성한 경우 3점으로 하고 작성하지 못한 경우 0점으로 처리한다.	4		
	3. 단위를 포함하여 2가지 모두 작성한 경우 4점, 1가지만 작성한 경우 3점으로 하고 작성하지 못한 경우 0점으로 처리한다.	4		
	4. 3가지 모두 작성한 경우 4점, 2가지만 적성한 경우 3점, 1가지만 작성한 경우 2점으로 하고 작성하지 못한 경우 0점으로 처리한다.	4		
	5. 보정값을 식과 함께 작성한 경우 4점, 답만 작성한 경우 3점으로 하고 작성하지 못한 경우 0점으로 처리한다.	4		

■ 평가 시 유의사항

평가 시 유의사항 ②
1. 과제 평가 제한 시간은 20분으로 20분에서 2분 초과 시마다 1점 감점 5분 이상 초과 시 0점 2. 정확한 단어로 서술하고 오탈자인 경우 전체 문맥을 보고 판단하여 3개소마다 감점 1점 3. 기타 배점은 평가기준에 따라 적용 ※ 감점 시 배점 이상은 적용하지 않는다.

(2) 작업형 평가 공개용

과정명	컴퓨터응용가공 산업기사	교과목명	CNC 선반	능력단위	CNC 선반가공 프로그래밍
능력단위 요소	CNC 선반가공 프로그램 작성 준비하기 CNC 선반가공 프로그램 작성하기 CNC 선반가공 프로그램 확인하기	평가 유형	포트폴리오 (도면 제시형)	문항 수	1
평가 시간	60분	배점	80점	평가자	(서명)

평가 문항 (수행 내용)

■ 다음 도면을 보고 작업을 준비하여 프로그램을 작성한 후 CNC 선반을 이용하여 가공하고 측정하시오.

[요구사항]

1. 과제: CNC 선반 프로그래밍
2. 작업 순서
   가. 작성 준비
   - CNC 선반 장비 선정하기
   - 도면 활용하여 작업 공정 및 공구 선정하기
   - 도면 활용하여 절삭 조건 설정하기

   나. 작성하기
   - 도면을 보고 G코드를 활용하여 프로그램 작성하기
   - 좌표계 지령 방식을 프로그램 원점을 기준으로 절대 지령 방식으로 프로그램한다.
   - 사용 공구 및 절삭 조건은 도면을 참고하여 작성한다.

   다. 확인하기
   - 프로그램이 완료되면 시뮬레이터에 입력하여 검증을 하고 오류 발생 시 수정한다.
3. 세부 요구사항:
   - 작성한 프로그램과 검증된 경로 확인 결과를 캡처해서 제출한다.
   - 포트폴리오는 과제 제출 후 3일 이내로 작성하여 제출한다.

제시 도면

■ 도면

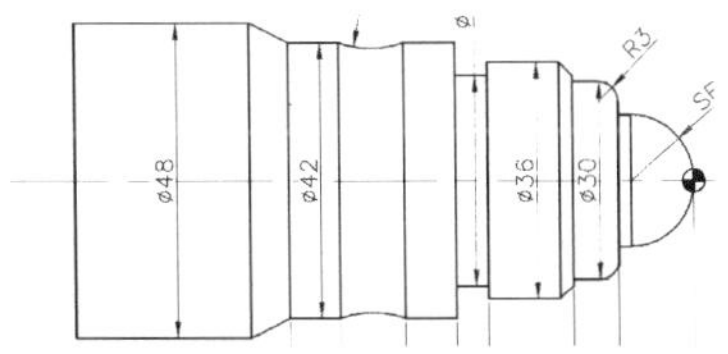

공구번호	공구명	절삭 속도 회전 속도	이송 속도	공구 반경
T01	황삭 바이트	120-130(m/min)	0.2-0.15	0.8-0.4
T03	정삭 바이트	150-180(m/min)	0.1	0.4
T05	홈 바이트	350-500(rpm)	0.08	

A-6 내부평가 시험지

(1) 서술형 평가 시험지

과정명	컴퓨터응용가공 산업기사	교과목명		CNC 선반	능력단위	CNC 선반가공 프로그래밍
능력단위 요소	CNC 선반가공 프로그램 작성 준비하기 CNC 선반가공 프로그램 작성하기 CNC 선반가공 프로그램 확인하기	평가 유형		포트폴리오	학생 명	(서명)
평가 시간	20분	평가 일시	1차	2020. 7	평가자	(서명)
			2차			

평가 문항 (수행 내용)

■ 다음 가공 도면

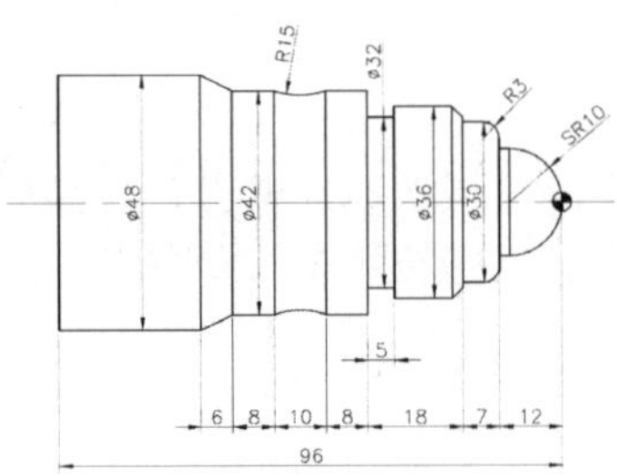

지시없는 모따기 C2

■ 평가기준

구분	평가기준	배점	득점 1차	득점 2차
포토 폴리오평가	1. 절삭 속도와 이송 속도 모두 작성하면 4점, 4-5 개 작성하면 3점, 2-3개 작성하면 2점, 1가지 작성한 경우 1점으로 처리한다.	4		
	2. G96, G97 모두 작성한 경우 4점, 1가지만 작성한 경우 3점으로 하고 작성하지 못한 경우 0점으로 처리한다.	4		
	3. 단위를 포함하여 2가지 모두 작성한 경우 4점, 1가지만 작성한 경우 3점으로 하고 작성하지 못한 경우 0점으로 처리한다.	4		
	4. 3가지 모두 작성한 경우 4점, 2가지만 적성한 경우 3점, 1가지만 작성한 경우 2점으로 하고 작성하지 못한 경우 0점으로 처리한다.	4		
	5. 보정값을 식과 함께 작성한 경우 4점, 답만 작성한 경우 3점으로 하고 작성하지 못한 경우 0점으로 처리한다.	4		

■ 평가 시 유의사항

평가 시 유의사항 ②

1. 과제 평가 제한 시간은 20분으로 20분에서 2분 초과 시마다 1점 감점 5분 이상 초과 시 0점
2. 정확한 단어로 서술하고 오탈자인 경우 전체 문맥을 보고 판단하여 3개소마다 감점 1점
3. 기타 배점은 평가기준에 따라 적용

※ 감점 시 배점 이상은 적용하지 않는다.

평가 문항
(수행 내용)

[과제 1] 위의 도면에서 제시된 공작물을 가공하기 위하여 절삭공구를 선정하고자 한다. 알맞은 절삭공구에 (   )에 절삭 조건을 설정 하시오.
(1. CNC 선반가공 프로그램 작성 준비하기: 4점)

공구번호	공구명	절삭 속도 회전 속도	이송 속도	공구 반경
T01	황삭 바이트	( ) (m/min)	( )	0.8-0.4
T03	정삭 바이트	( ) (m/min)	( )	0.4
T05	홈 바이트	( ) (rpm)	( )	

[과제 2] 주축의 회전 속도를 명령하는 기능으로 주소 'S' 를 사용한다. 주축 기능 중 G96과 G97기능에 대하여 설명하고, 단위를 쓰시오.
(2. CNC 선반 프로그램 작성하기: 4점)

[정답]

·

·

[과제 3] G50 코드 지령의 2가지 뜻을 쓰시오.
(2. CNC선반 프로그램 작성하기 : 4점)

[정답]

·

·

평가 문항
(수행 내용)

[과제 4] 복합형 고정 사이클 G71 코드이다. 세부 주소 내용에서 ( )의 내용을 작성하시오.
(2. CNC 선반 프로그램 작성하기: 4점)

G71 P__ Q__ U__ W__ D__ F__ ;

- P__ : ( )
- Q__ : 고정 사이클 종료하는 전개번호
- U__ : ( )
- W__ : Z방향 다듬질 절삭 여유
- D__ : ( )

[과제 5] CNC 선반에 지령값 X를 ∅60.0mm로 외경 가공한 후 측정한 결과 ∅59.97이었다. 기존의 X축 보정값이 0.005로 입력되어 있다면 보정값을 얼마로 수정해야 하는지 쓰시오.
(3. CNC 선반 프로그램 확인하기: 4점)

[정답]

보정값:

(2) 작업형 평가 시험지

<table>
<tr><td>과정명</td><td>컴퓨터응용가공 산업기사</td><td>교과목명</td><td>CNC 선반</td><td>능력단위</td><td>CNC 선반가공 프로그래밍</td></tr>
<tr><td rowspan="3">능력단위 요소</td><td>CNC 선반가공 프로그램 작성 준비하기</td><td rowspan="3">평가 유형</td><td rowspan="3">포트폴리오
(도면 제시형)</td><td rowspan="3">문항 수</td><td rowspan="3">1</td></tr>
<tr><td>CNC 선반가공 프로그램 작성하기</td></tr>
<tr><td>CNC 선반가공 프로그램 확인하기</td></tr>
<tr><td>평가 시간</td><td>60분</td><td>배점</td><td>80점</td><td>평가자</td><td>(서명)</td></tr>
</table>

평가 문항 (수행 내용)

■ 다음 도면을 보고 작업을 준비하여 프로그램을 작성한 후 CNC 선반을 이용하여 가공하고 측정하시오.

[요구사항]

1. 과제: CNC 선반 프로그래밍
2. 작업 순서
   가. 작성 준비
   - CNC 선반 장비 선정하기
   - 도면 활용하여 작업 공정 및 공구 선정하기
   - 도면 활용하여 절삭 조건 설정하기

   나. 작성하기
   - 도면을 보고 G코드를 활용하여 프로그램 작성하기
   - 좌표계 지령 방식을 프로그램 원점을 기준으로 절대 지령 방식으로 프로그램한다.
   - 사용 공구 및 절삭 조건은 도면을 참고하여 작성한다.

   다. 확인하기
   - 프로그램이 완료되면 시뮬레이터에 입력하여 검증을 하고 오류 발생 시 수정한다.
3. 세부 요구사항:
   - 작성한 프로그램과 검증된 경로 확인 결과를 캡처해서 제출한다.
   - 포트폴리오는 과제 제출 후 3일 이내로 작성하여 제출한다.

제시 도면

■ 도면

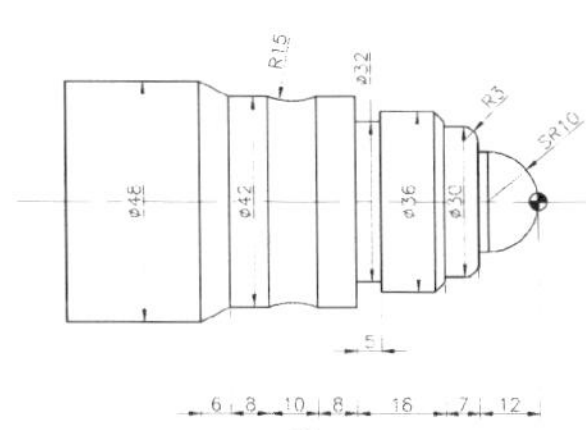

지시없는 모따기 C2

공구번호	공구명	절삭 속도 회전 속도	이송 속도	공구 반경
T01	황삭 바이트	120-130(m/min)	0.2-0.15	0.8-0.4
T03	정삭 바이트	150-180(m/min)	0.1	0.4
T05	홈 바이트	350-500(rpm)	0.08	

CHAPTER 02

평가 문항 (수행 내용)	■ 수동 프로그램 작성 제출(G 코드)	

A-7 과제 평가표

능력단위요소	평가 요소	순번	평가 항목 (채점 항목)	배점			1차 평가	2차 평가	득점	
				상	중	하			1차	2차
CNC 선반가공프로그램작성 준비하기	장비 선정	1	장비 선정	4	3	2				
	작업 공정	2	작업 공정	4	3	2				
	공구 선정	3	공구 선정	4	3	2				
	절삭 조건	4	절삭 조건 설정	4	3	2				
	소 계(16점)									
CNC 선반가공프로그램 작성하기	평가 요소	순번	평가항목 (채점항목)	배점			1차 평가	2차 평가	득점	
				상	중	하			1차	2차
	NC 프로그램 기초	5	수농 프로그램 작성	10	7	4				
		6	절삭 조건	5	3	2				
	절삭 조건 설정	7	G코드 활용 능력	4	3	2				
	프로그램 작성	8	가공 프로그램 작성	10	3	2				
		9	공구 선택 능력	4	3	2				
	소 계(33점)									
CNC 선반가공프로그램 확인하기	평가 요소	순번	평가 항목 (채점 항목)	배점			1차 평가	2차 평가	득점	
				상	중	하			1차	2차
	NC프로그램 입력	10	편집 능력	5	3	2				
		11	프로그램 입력	4	3	2				
	공구 경로 확인	12	경로 확인	5	3	2				
		13	프로그램 오류 파악	4	3	2				
		14	프로그램 수정 능력	5	3	2				
	프로그램 수정	15	알람 확인 방법	4	3	2				
		16	알람 해제 조치 능력	4	3	2				
	소 계(31점)									
최종 점수										
평가자 의견 및 피드백									훈련생 확인	
									(서명)	

A-8 평가도구 채점표

과정명	컴퓨터응용가공 산업기사	교과목명		CNC 선반	능력단위	CNC 선반가공 프로그래밍
능력단위 요소	CNC 선반가공 프로그램 작성 준비하기 CNC 선반가공 프로그램 작성하기 CNC 선반가공 프로그램 확인하기	평가 유형		포트폴리오 (도면 제시형)	평가자	(서명)
평가 시간	1시간 20분	평가 일시	1차			
			2차			

평가차수	번호	배점 / 성명	1	2	3	4	5	1	2	3	4	5	6	7	8	9	10	11	12	13	14	총점 (100)	성취수준	Pass / Fail	훈련생 확인
			4 3 2 0	4 3 2 1	4 3 0	4 3 0	4 3 0	4 3 2	4 3 2	4 3 2	4 3 2	10 7 3	5 3 2	4 3 2	10 7 3	4 3 2	9 7 3	5 3 2	4 3 2	5 3 2	8 6 3				
1차 평가	1	홍길동																							
	:																								
	:																								
	재평가 대상자																								

평가차수	번호	배점 / 성명	1	2	3	4	5	1	2	3	4	5	6	7	8	9	10	11	12	13	14	총점 (100)	성취수준	Pass / Fail	훈련생 확인
			4 3 2 0	4 3 2 1	4 3 0	4 3 0	4 3 0	3 2 1	3 2 1	3 2 1	3 2 1	10 7 3	5 3 2	4 3 2	10 7 3	4 3 2	9 7 3	5 3 2	4 3 2	5 3 2	8 6 3				
2차 평가	1																								(서명)
	:																								(서명)
	:																								

A-9 평가자 의견 및 피드백

<table>
<tr><td>과정명</td><td>컴퓨터응용가공 산업기사</td><td>교과목명</td><td>CCNC 선반</td><td>능력단위</td><td>CNC 선반가공 프로그래밍</td></tr>
<tr><td rowspan="3">능력단위 요소</td><td>CNC 선반가공 프로그램 작성 준비하기</td><td rowspan="3">평가유형</td><td rowspan="3">포트폴리오</td><td rowspan="4">평가자</td><td rowspan="4">(서명)</td></tr>
<tr><td>CNC 선반가공 프로그램 작성하기</td></tr>
<tr><td>CNC 선반가공 프로그램 확인하기</td></tr>
<tr><td>평가 시간</td><td>1</td><td>평가 일시</td><td>2020.</td></tr>
</table>

번호	성명	평가자 의견 및 피드백 내용	훈련생 확인
1			(서명)
2			
3			
4			
5			
:			
:			
:			
:			
:			

CHAPTER 02

A-10 평가 증빙자료

<table>
<tr><td>과정명</td><td>컴퓨터응용가공 산업기사</td><td colspan="2">교과목명</td><td>CNC 선반</td><td>능력단위</td><td>CNC 선반가공 프로그래밍</td></tr>
<tr><td rowspan="3">능력단위 요소</td><td>CNC 선반가공 프로그램 작성 준비하기</td><td colspan="2" rowspan="3">평가 유형</td><td rowspan="3">포트폴리오</td><td rowspan="5">평가자</td><td rowspan="5">(서명)</td></tr>
<tr><td>CNC 선반가공 프로그램 작성하기</td></tr>
<tr><td>CNC 선반가공 프로그램 확인하기</td></tr>
<tr><td rowspan="2">평가시간</td><td rowspan="2">1시간 20분</td><td rowspan="2">평가 일시</td><td>1차</td><td></td></tr>
<tr><td>2차</td><td></td></tr>
<tr><td colspan="7">사진</td></tr>
<tr><td colspan="7">1차 평가</td></tr>
<tr><td colspan="7"></td></tr>
</table>

A-11 능력단위 성적표

<table>
<tr><td colspan="2">과정명</td><td colspan="2">컴퓨터응용가공 산업기사</td><td colspan="2">교과목명</td><td>CNC 선반</td><td>능력단위</td><td colspan="2">CNC 선반가공 프로그래밍</td></tr>
<tr><td colspan="2" rowspan="3">능력단위 요소</td><td colspan="2">CNC 선반가공 프로그램 작성 준비하기</td><td colspan="2" rowspan="3">평가 유형</td><td rowspan="3">포트폴리오 (도면 제시형)</td><td rowspan="5">평가자</td><td colspan="2" rowspan="5">(서명)</td></tr>
<tr><td colspan="2">CNC 선반가공 프로그램 작성하기</td></tr>
<tr><td colspan="2">CNC 선반가공 프로그램 확인하기</td></tr>
<tr><td colspan="2" rowspan="2">평가 시간</td><td colspan="2" rowspan="2">1시간 20분</td><td rowspan="2">평가 일시</td><td>1차</td><td></td></tr>
<tr><td>2차</td><td></td></tr>
<tr><td rowspan="2">번호</td><td rowspan="2">성명</td><td colspan="2">능력단위 점수</td><td colspan="3">성취 수준</td><td colspan="3">Pass / Fail</td></tr>
<tr><td>1차</td><td>2차</td><td colspan="2">1차</td><td>2차</td><td colspan="2">1차</td><td>2차</td></tr>
<tr><td>1</td><td></td><td></td><td></td><td colspan="2"></td><td></td><td colspan="2"></td><td></td></tr>
<tr><td>2</td><td></td><td></td><td></td><td colspan="2"></td><td></td><td colspan="2"></td><td></td></tr>
<tr><td>:</td><td></td><td></td><td></td><td colspan="2"></td><td></td><td colspan="2"></td><td></td></tr>
<tr><td>:</td><td></td><td></td><td></td><td colspan="2"></td><td></td><td colspan="2"></td><td></td></tr>
</table>

A-12 능력단위 수행평가서

<table>
<tr><td rowspan="2">학습자 명:</td><td rowspan="2">평가자 명:

(서명)</td><th colspan="3">평 가 일 시</th></tr>
<tr><td>1차</td><td>년 월 일</td><td></td></tr>
<tr><td rowspan="2">교과목명:
CNC선반</td><td rowspan="2">1502010404_18v5
CNC 선반가공
프로그래밍</td><td>2차</td><td>년 월 일</td><td></td></tr>
<tr><td>3차</td><td>년 월 일</td><td></td></tr>
<tr><td colspan="2" rowspan="8">평가 방법:
본 평가는 단계별 자기평가의 학습과정이 완료된 학습자에 대하여 평가를 합니다. 학습을 위한 준비에서부터 실습의 완료 후 동작 확인까지 아래 사항의 수행기준에 근거하여 학습자를 평가하여야 합니다.
(본 능력단위의 평가 방법 등을 안내하여 학습자로 하여금 학습 준비를 할 수 있도록 함)</td><td colspan="3">전체 평가(고정 내용으로서 임의 변경 불가)</td></tr>
<tr><th>성취 수준</th><th colspan="2">수행 정도</th></tr>
<tr><td></td><td colspan="2">5. 해당 지식과 기술을 확실하게 습득하여 직무수행에 필요한 기술적 사고력과 문제해결력을 토대로 주도적으로 완벽한 작업을 수행할 수 있다.</td></tr>
<tr><td></td><td colspan="2">4. 해당 지식과 기술을 습득하여 직무수행에 필요한 기술적 사고력과 문제해결력을 토대로 작업을 수행할 수 있다.</td></tr>
<tr><td></td><td colspan="2">3. 해당 지식과 기술을 대부분 습득하여 직무수행에 필요한 지식과 기술을 가지고 대부분의 작업을 수행할 수 있다.</td></tr>
<tr><td></td><td colspan="2">2. 해당 지식과 기술을 부분적으로 습득하여 직무수행에 필요한 지식과 기술을 가지고 타인과 공동으로 작업을 수행할 수 있다.</td></tr>
<tr><td></td><td colspan="2">1. 해당 지식과 기술을 습득하는데 부족함이 있어 타인의 도움을 받아야만 작업을 수행할 수 있다.</td></tr>
<tr><td colspan="3">평가자는 학습자의 달성 정도를 성취 수준에 표시한다.</td></tr>
</table>

평가영역(단원명)	수 행 준 거	예	아니오
1502010404_16v4.1 CNC 선반 가공 프로그램 작성 준비하기	1.1 작업도면에 준하여 CNC 선반기계의 사양을 확인하고 가공 가능한 기계를 선택할 수 있다.		
	1.2 작업 공정에 알맞은 CNC 선반 공구를 선택하고 작업 공정을 순서대로 시트에 작성할 수 있다.		
	1.3 작업 공정에 준하여 재료와 사용 공구의 조건에 따라 각 공정별 절삭 조건을 설정할 수 있다.		
	1.4 도면 사양에 부합되는 부품을 제작하기 위하여 관련 기술 자료를 참고할 수 있다.		
1502010404_16v4.2 CNC 선반 가공 프로그램 작성하기	2.1 작성된 시트의 작업 공정을 보고 CNC 선반 프로그램을 G코드와 보조기능을 사용하여 작성할 수 있다.		
	2.2 프로그램 작성 시 공작물 회전수, 공구 이송 속도, 절삭공구의 절입 깊이, 재료 물림량 등의 절삭 조건을 참고하여 절삭 조건을 결정할 수 있다.		
	2.3 가공 형상에 적합한 CNC 선반 공구를 선택하고 결정된 절삭 조건으로 공구 경로를 결정하고 공정 순서대로 프로그램을 작성할 수 있다.		
1502010404_16v4.3 CNC 선반 가공 프로그램 확인하기	3.1 작성된 CNC 프로그램을 콘트롤러나 컴퓨터에 입력할 수 있다.		
	3.2 입력된 CNC 프로그램을 머신록 상태에서 그래픽으로 공구 경로의 이상 유무를 확인할 수 있다.		
	3.3 프로그램 알람 발생 시 알람 조치와 잘못된 공구 경로의 프로그램을 수정할 수 있다.		

4. CNC 선반가공 CAM 프로그래밍

NCS 기반 평가도구 개발

[CNC 선반가공 CAM 프로그래밍(1502010407_18v5)]

- 제 출 일 : ______________________
- 소 속 : ______________________
- 교과목명 : ______________________
- 개 발 자 : ______________________

【능력단위명: CNC 선반가공 CAM 프로그래밍】

대분류	중분류	소분류	세분류
15. 기계	02. 기계가공	01. 절삭가공	02. CAM가공

A-1 능력단위 주요 평가영역 도출

구분	내용					
훈련 목표	CAM 프로그래밍이란 도면을 보고 작업 공정을 설정하고 CAM 시스템에서 CNC 선반가공 프로그램을 작성할 수 있다.					
장비 · 재료	• 컴퓨터 • 해당 CAM 프로그램 • 프린터 토너					
평가 시 고려사항	• CNC 선반 사양에 관한 지식 • 절삭공구의 종류 및 특성 • 금속 재료의 종류 및 특성 • 절삭 조건에 대한 지식 · 설정 기술 • 좌표계의 종류 및 특성 • 공구 보정에 대한 지식 • CNC 선반 G코드 등에 대한 지식 • CNC 선반 가공 프로그램 보조 기능에 대한 지식 • 공구 형상과 가공 형상에 대한 지식 • CAD/CAM 시스템 활용 기술 • 가공 프로그램 편집 기술					
주요 평가 영역	지식		기술	○	태도	○

A-2 평가 방법 및 문항 수 도출

능력단위	능력단위 요소	주요 평가 영역			능력단위 요소 연계성	문항 수	평가 방법
		지식 (지필)	기술·태도 (수행관찰)	기술 (산출물)			
CNC 선반가공 CAM 프로그래밍	CNC 선반가공 CAM 프로그램 작성 준비하기		√		.1 .2 .3	3	포트폴리오 (도면 제시형)
	CNC 선반가공 CAM 프로그램 작성하기			√	.1 .2 .3		
	CNC 선반가공 CAM 프로그램 확인하기			√	.1 .2 .3		

A-3 능력단위 요소별 배점기준 도출

능력단위	능력단위 요소	훈련 필요성			합계 Ⓓ	배점 비중 (Ⓓ/Ⓔ)*100
		중요도 Ⓐ	난이도 Ⓑ	활용 빈도 Ⓒ		
		낮음 ↔ 보통 ↔ 높음 ①	②	③		
CNC 선반가공 CAM 프로그래밍	CNC 선반가공 CAM 프로그램 작성 준비하기	1	1	1	3	15
	CNC 선반가공 CAM 프로그램 작성하기	3	3	3	9	45
	CNC 선반가공 CAM 프로그램 확인하기	2	2	2	6	35
계 Ⓔ		6	8	6	20	100

A-4 교수자용 평가 문항 개발

<table>
<tr><td>과정명</td><td>컴퓨터응용가공 산업기사</td><td>교과목명</td><td>도면해독과 CAM</td><td>능력단위</td><td>CNC 선반가공 CAM 프로그래밍</td></tr>
<tr><td rowspan="3">능력단위 요소</td><td>CNC 선반 가공 CAM 프로그램 작성 준비하기</td><td rowspan="3">평가 유형</td><td rowspan="3">포트폴리오 (도면 제시형)</td><td rowspan="3">문항 수</td><td rowspan="3">3</td></tr>
<tr><td>CNC 선반 가공 CAM 프로그램 작성하기</td></tr>
<tr><td>CNC 선반 가공 CAM 프로그램 확인하기</td></tr>
<tr><td>평가 시간</td><td>40분</td><td>배점</td><td>100점</td><td>평가자</td><td>(서명)</td></tr>
<tr><td>평가문항
(수행내용)</td><td colspan="5">■ 다음 도면을 보고 CAM 작업 준비하기와 CAM 작업 후 프로그램을 확인하시오.
[요구사항]
※ 지급된 도면과 장비를 사용하여 아래 작업을 완성하시오.
1. 주어진 도면을 이용하여 2D 도면을 작성하시오.
2. 완성된 도면을 이용하여 가공 지시서(공구 및 가공 순서)를 기준으로 가공 공정 계획서를 완성하시오.
3. 주어진 작업 절차(1-5)에 따라 가공 데이터를 생성하고, 각 작업 절차별 툴패스(CL-DATA) 이미지와 모의 가공된 이미지를 각각 출력하여 제출하시오.
※ 각 절차의 모의 가공된 이미지는 이전의 모든 절차가 연속 진행된 모의 가공 이미지로 제출하시오.
4. 작업 절차별 각각의 이미지를 출력할 때에는 좌측 상단에 이름과 작업 공정명을 기입하여 제출하시오.
5. 가공 원점을 기준으로 NC data를 생성하고 NC data는 반드시 각각의 가공 데이터를 "★.NC" 파일로 저장하여 제출하시오.
[내부평가자 유의사항]
※ 다음 유의사항을 고려하여 요구사항을 완성하시오.
○ 시험이 종료되면 작업을 즉시 멈추어야 합니다.
○ 과제 또는 요구사항별 각 작업에 대한 시험 시간을 초과한 경우(작업이 완료되지 않은 경우) 완성된 부분까지만 채점한다.
○ 정전 및 비상사태에 대비하여 모든 데이터는 10분에 1회 이상 저장하도록 한다.
○ 다음 각 항에 해당하는 경우에는 해당 과제는 0점으로 처리합니다.
- "모델링 및 CAM 작업" 과제와 같이 요구사항을 연속적으로 수행하는 경우 선행 작업이 완료되지 않으면 후속 작업에 대한 배점은 모두 0점으로 처리됩니다.
- 요구사항을 이해하지 못하여 작업이 불가능한 경우
- 평가의 모든 과제에 응시하지 않은 경우
- 평가자 간 대화를 하는 경우
- 시험 중 지급된 이동 디스크 외에 타 이동식 디스크 저장하는 경우
- 작업이 극히 미숙하여 해당 과제를 수행하지 못하는 경우</td></tr>
</table>

평가 문항 (수행 내용)

■ CNC 선반 프로그램 작성요 도면 제시

절입 횟수	1	2	3	4	5	6	높이
P1.5	0.35	0.20	0.14	0.10	0.05	0.05	0.86
P1.25	0.35	0.19	0.10	0.05	0.05	-	0.74

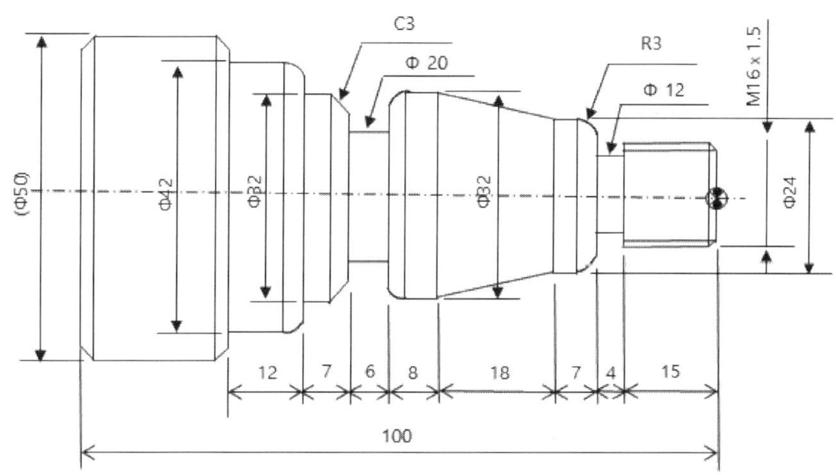

[참고]

1. 도시되고 지시되지 않는 R 작업은 R3을 적용하여 가공한다.
2. 도시되고 지시 없는 모따기 작업은 C2를 적용하여 가공한다.

소재	⌀50×100		안전 높이		X축 100mm/Z축 150mm	
공구 번호	공구 조건		절삭 조건			비 고
	종류	노즈 반경	회전수 (rpm&m/rev)	이송 (mm/rev)	절입량 (mm)	
T01	황삭	R0.8	130(m/min)	0.35	2	
T03	정삭	R0.4	130(m/min)	0.05	-	
T05	홈	폭3mm	600(rpm)	0.08	0.5	
T07	나사	60 ‘	1000(rpm)	0.05	-	

평가 문항 (수행 내용)

[문제 1] 가공 공정 계획서를 작성하여 제출한다.

ㅇ 제시한 도면을 가공할 수 있는 가공 공정 계획표를 완성하시오.--(15점)

번호	작업 공정 순서	공구 이름	공구 번호	절삭 속도 (m/min)	이송 속도 (mm/rev)	절입 량	비 고
1	황삭						
2	정삭						
3	홈						폭 4mm 폭 6mm
4	나사						

ㅇ 제시 도면

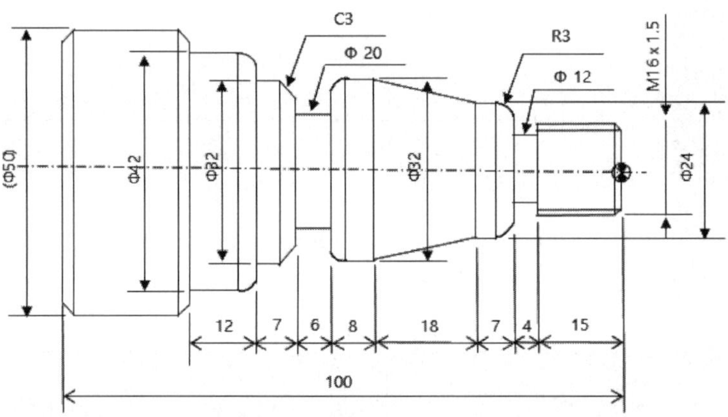

[참고]

1. 도시되고 지시되지 않는 R 작업은 R3 적용하여 가공한다.
2. 도시되고 지시 없는 모따기 작업은 C2 적용하여 가공한다.

[문제 2] 도면을 CAM 작업하여 NC 코드를 생성하여 제출하시오. (45점)

ㅇ CNC 선반 CAM 작업을 통해 NC 코드를 생성하여 제출하시오.

[문제 3] CAM 가공에서 생성된 NC 프로그램을 가공 시뮬레이션을 통해 검증하여 제출하시오. (35점)

ㅇ CNC 선반 CAM 작업한 NC 코드를 모의 가공한 화면을 캡처하여 제출하시오.

A-5 평가 공개자료

과정명	컴퓨터응용가공산 업기사	교과목명	도면해독과 CAM	능력단위	CNC 선반가공 CAM 프로그래밍
능력단위 요소	CNC 선반가공 CAM 프로그램 작성 준비하기	평가유형	포트폴리오 (도면 제시형)	문항 수	3
	CNC 선반가공 CAM 프로그램 작성하기				
	CNC 선반가공 CAM 프로그램 확인하기				
평가 시간	40분	배점	100점	평가자	(서명)

평가 문항 (수행 내용)

■ 다음 가공 도면

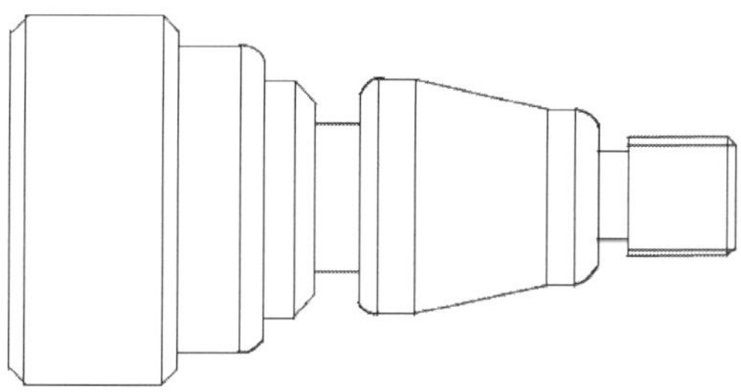

■ 평가기준

구분	평가기준	배점	득점 1차	득점 2차
포트 폴리오 평가	1. 제시된 도면을 가공할 수 있는 가공 공정 계획표를 작성하여 제출한다. 4개의 공구를 이용하여 가공하는 공정계획서 작성 15점, 미흡한 개소에 따라 감점 1점씩 한다.	15		
	2. CNC 선반 CAM 작업을 통해 NC 코드를 생성하는데 45점을 배점하여 미흡한 프로그램 1블록당 2점씩 감점하여 평가한다.	45		
	3. CNC 선반 CAM 작업한 NC 코드를 모의 가공한 화면을 캡처하여 제출한 경우 오류 부분이 확인되면 -3점씩 감점하여 평가한다.	35		

■ 평가 시 유의사항

평가 시 유의사항 ②
1. 과제 평가 제한 시간은 30분으로 하고 2분 초과 시마다 1점 감점 10분 이상 초과 시 0점 2. 기타 배점은 평가기준에 따라 적용 ※ 감점 시 배점 이상은 적용하지 않는다.

A-6 내부평가 시험지

<table>
<tr><td>과정명</td><td>컴퓨터응용가공 산업기사</td><td>교과목명</td><td>도면해독과 CAM</td><td>능력단위</td><td>CNC 선반가공 CAM 프로그래밍</td></tr>
<tr><td rowspan="3">능력단위 요소</td><td>CNC 선반 가공 CAM 프로그램 작성 준비하기</td><td rowspan="3">평가유형</td><td rowspan="3">포트폴리오 (도면 제시형)</td><td rowspan="3">문항 수</td><td rowspan="3">3</td></tr>
<tr><td>CNC선반 가공 CAM 프로그램 작성하기</td></tr>
<tr><td>CNC선반 가공 CAM 프로그램 확인하기</td></tr>
<tr><td>평가시간</td><td>40분</td><td>배점</td><td>100점</td><td>평가자</td><td>(서명)</td></tr>
<tr><td>평가 문항 (수행 내용)</td><td colspan="5">■ 다음 도면을 보고 CAM 작업 준비하기와 CAM 작업 후 프로그램을 확인하시오.

[요구사항]
※ 지급된 도면과 장비를 사용하여 아래 작업을 완성하시오.
1. 주어진 도면을 이용하여 2D 도면을 작성하시오.
2. 완성된 도면을 이용하여 가공지시서(공구 및 가공순서)를 기준으로 가공 공정 계획서를 완성하시오.
3. 주어진 작업 절차(1-5)에 따라 가공 데이터를 생성하고, 각 작업 절차별 툴패스(CL-DATA) 이미지와 모의 가공된 이미지를 각각 출력하여 제출하시오.
※ 각 절차의 모의 가공된 이미지는 이전의 모든 절차가 연속 진행된 모의 가공 이미지로 제출하시오.
4. 작업 절차별 각각의 이미지를 출력할 때에는 좌측 상단에 이름과 작업 공정명을 기입하여 제출하시오.
5. 가공 원점을 기준으로 NC data를 생성하고 NC data는 반드시 각각의 가공 데이터를 "★.NC" 파일로 저장하여 제출하시오.

[내부평가자 유의사항]
※ 다음 유의사항을 고려하여 요구사항을 완성하시오.
○ 시험이 종료되면 작업을 즉시 멈추어야 합니다.
○ 과제 또는 요구사항별 각 작업에 대한 시험 시간을 초과한 경우(작업이 완료되지 않은 경우) 완성된 부분까지만 채점한다.
○ 정전 및 비상사태에 대비하여 모든 데이터는 10분에 1회 이상 저장하도록 한다.
○ 다음 각 항에 해당하는 경우에는 해당 과제는 0점으로 처리합니다.
- "모델링 및 CAM 작업" 과제와 같이 요구사항을 연속적으로 수행하는 경우 선행 작업이 완료되지 않으면 후속 작업에 대한 배점은 모두 0점으로 처리됩니다.
- 요구사항을 이해하지 못하여 작업이 불가능한 경우
- 평가의 모든 과제에 응시하지 않은 경우
- 평가자 간 대화를 하는 경우
- 시험 중 지급된 이동 디스크 외에 타 이동식 디스크 저장하는 경우
- 작업이 극히 미숙하여 해당 과제를 수행하지 못하는 경우</td></tr>
</table>

평가 문항
(수행 내용)

■ CNC 선반 프로그램 작성요 도면 제시

절입 횟수	1	2	3	4	5	6	높이
P1.5	0.35	0.20	0.14	0.10	0.05	0.05	0.86
P1.25	0.35	0.19	0.10	0.05	0.05	-	0.74

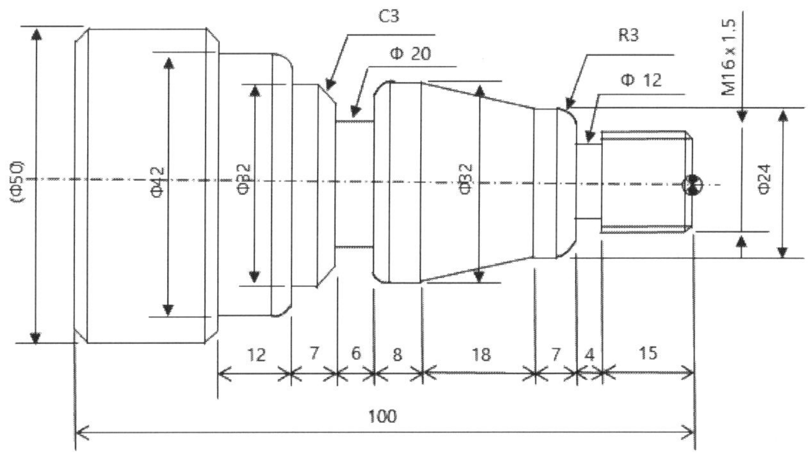

[참고]
1. 도시되고 지시되지 않는 R 작업은 R3 적용하여 가공한다.
2. 도시되고 지시 없는 모따기 작업은 C2 적용하여 가공한다.

소재	∅50×100		안전 높이		X축 100mm/Z축 150mm	
공구 번호	공구 조건		절삭 조건			비 고
	종류	노즈 반경	회전수 (rpm&m/rev)	이송 (mm/rev)	절입량 (mm)	
T01	황삭	R0.8	130(m/min)	0.35	2	
T03	정삭	R0.4	130(m/min)	0.05	-	
T05	홈	폭3mm	600(rpm)	0.08	0.5	
T07	나사	60 ‘	1000(rpm)	0.05	-	

평가 문항 (수행 내용)

[문제 1] 가공 공정 계획서를 작성하여 제출한다.

ㅇ 제시한 도면을 가공할 수 있는 가공 공정 계획표를 완성하시오.--(15점)

번호	작업 공정 순서	공구 이름	공구 번호	회전수 (rpm&m/rev)	이송 속도 (mm/rev)	절입량	비 고
1	황삭						
2	정삭						
3	홈						폭 4mm 폭 6mm
4	나사						

ㅇ 제시 도면

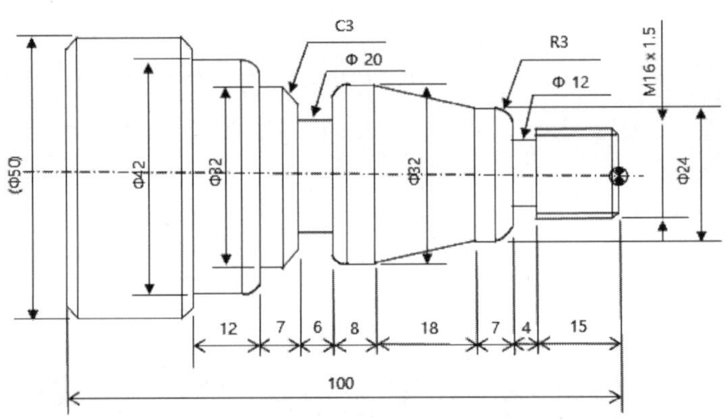

[참고]

1. 도시되고 지시되지 않는 R 작업은 R3 적용하여 가공한다.
2. 도시되고 지시 없는 모따기 작업은 C2 적용하여 가공한다.

[문제 2] 도면을 CAM 작업하여 NC 코드를 생성하여 제출하시오.----(45점)

ㅇ CNC 선반 CAM 작업을 통해 NC 코드를 생성하여 제출하시오.

평가 문항 (수행 내용)	[문제 2] 도면을 CAM 작업하여 NC 코드를 생성하여 제출하시오. (45점) ○ CNC 선반 CAM 작업을 통해 NC 코드를 생성하여 제출하시오. [문제 3] CAM 가공에서 생성된 NC 프로그램을 가공 시뮬레이션을 통해 검증하여 제출하시오. (35점) ○ CNC 선반 CAM 작업한 NC 코드를 모의 가공한 화면을 캡처하여 제출하시오.

A-7 평가도구 채점표

과정명	컴퓨터응용가공 산업기사	교과목명		도면해독과 CAM	능력단위	CNC 선반가공 CAM 프로그래밍
능력단위 요소	1. CNC 선반가공 CAM 프로그램 작성 준비하기 2. CNC 선반가공 CAM 프로그램 작성하기 3. CNC 선반가공 CAM 프로그램 확인하기	평가 유형		포트폴리오 (작업형 평가)	평가자	(서명)
평가 시간	40	평가 일시	1차			
			2차			

평가 차수	번호	배점 / 성명	평가 항목(순번) 배점 및 득점 문1 15 ↕ 0	문2 45 ↕ 0	문3 30 ↕ 0	총점 (100)	성취 수준	Pass / Fail	훈련생 확인
1차 평가	1								
	:								
	:								
	재평가 대상자								

평가 차수	번호	배점 / 성명	평가 항목(순번) 배점 및 득점 문1 15 ↕ 0	문2 45 ↕ 0	문3 30 ↕ 0	총점 (100)	성취 수준	Pass / Fail	훈련생 확인
2차 평가	1								
	:								
	:								

CHAPTER 02

A-8 평가자 의견 및 피드백

<table>
<tr><td>과정명</td><td>컴퓨터응용가공 산업기사</td><td>교과목명</td><td>도면해독과 CAM</td><td>능력단위</td><td>CNC 선반가공 CAM 프로그래밍</td></tr>
<tr><td rowspan="3">능력단위 요소</td><td>1. CNC선반 가공 CAM 프로그램 작성 준비하기</td><td rowspan="3">평가유형</td><td rowspan="3">포트폴리오
(도면 제시형)</td><td rowspan="4">평가자</td><td rowspan="4">(서명)</td></tr>
<tr><td>2. CNC선반 가공 CAM 프로그램 작성하기</td></tr>
<tr><td>3. CNC선반 가공 CAM 프로그램 확인하기</td></tr>
<tr><td>평가 시간</td><td>40</td><td>평가 일시</td><td></td></tr>
</table>

번호	성명	평가자 의견 및 피드백 내용	훈련생 확인
1			(서명)
2			(서명)
3			(서명)
4			(서명)
5			(서명)
:			(서명)
:			(서명)
:			(서명)
:			(서명)
:			(서명)

A-9 평가 증빙자료

<table>
<tr><td>과정명</td><td>컴퓨터응용가공 산업기사</td><td colspan="2">교과목명</td><td>도면해독과 CAM</td><td>능력단위</td><td>CNC 선반가공 CAM 프로그래밍</td></tr>
<tr><td rowspan="3">능력단위 요소</td><td>1. CNC 선반가공 CAM 프로그램 작성 준비하기</td><td colspan="2" rowspan="3">평가유형</td><td rowspan="3">포트폴리오 (도면 제시형)</td><td rowspan="5">평가자</td><td rowspan="5">(서명)</td></tr>
<tr><td>2. CNC 선반가공 CAM 프로그램 작성하기</td></tr>
<tr><td>3. CNC 선반가공 CAM 프로그램 확인하기</td></tr>
<tr><td rowspan="2">평가시간</td><td rowspan="2">40</td><td rowspan="2">평가 일시</td><td>1차</td><td></td></tr>
<tr><td>2차</td><td></td></tr>
<tr><td colspan="7">사진</td></tr>
<tr><td colspan="7">1차 평가</td></tr>
<tr><td colspan="7"></td></tr>
</table>

A-10 능력단위 성적표

<table>
<tr><td>과정명</td><td>컴퓨터응용가공 산업기사</td><td colspan="2">교과목명</td><td colspan="2">도면해독과 CAM</td><td>능력단위</td><td colspan="2">CNC 선반가공 CAM 프로그래밍</td></tr>
<tr><td rowspan="3">능력단위 요소</td><td>1. CNC 선반 공 CAM 프로그램 작성 준비하기</td><td colspan="2" rowspan="3">평가유형</td><td colspan="2" rowspan="3">포트폴리오 (도면 제시형)</td><td rowspan="5">평가자</td><td colspan="2" rowspan="5">(서명)</td></tr>
<tr><td>2. CNC 선반가공 CAM 프로그램 작성하기</td></tr>
<tr><td>3. CNC 선반가공 CAM 프로그램 확인하기</td></tr>
<tr><td rowspan="2">평가 시간</td><td rowspan="2">40</td><td rowspan="2">평가 일시</td><td>1차</td><td colspan="2"></td></tr>
<tr><td>2차</td><td colspan="2"></td></tr>
<tr><td rowspan="2">번호</td><td rowspan="2">성명</td><td colspan="2">능력단위 점수</td><td colspan="2">성취 수준</td><td colspan="2">Pass / Fail</td></tr>
<tr><td>1차</td><td>2차</td><td>1차</td><td>2차</td><td>1차</td><td>2차</td></tr>
<tr><td>1</td><td></td><td></td><td></td><td></td><td></td><td></td><td></td></tr>
<tr><td>:</td><td></td><td></td><td></td><td></td><td></td><td></td><td></td></tr>
<tr><td>:</td><td></td><td></td><td></td><td></td><td></td><td></td><td></td></tr>
</table>

A-11 능력단위 수행평가서

<table>
<tr><td rowspan="2">학습자 명:</td><td rowspan="2">평가자 명:
(서명)</td><td colspan="3">평 가 일 시</td></tr>
<tr><td>1차</td><td>년 월 일</td><td></td></tr>
<tr><td colspan="2" rowspan="2">교과목명: 도면해독과 CAM</td><td>2차</td><td>년 월 일</td><td></td></tr>
<tr><td>3차</td><td>년 월 일</td><td></td></tr>
<tr><td colspan="2" rowspan="8">평가 방법 :
본 평가는 단계별 자기평가의 학습과정이 완료된 학습자에 대하여 평가를 합니다.
학습을 위한 준비에서부터 실습의 완료 후 동작 확인까지 아래 사항의 수행기준에 근거하여 학습자를 평가하여야 합니다.
(본 능력단위의 평가 방법 등을 안내하여 학습자로 하여금 학습 준비를 할 수 있도록 함)</td><td colspan="3">전체 평가(고정 내용으로서 임의 변경 불가)</td></tr>
<tr><td>성취 수준</td><td colspan="2">수행정도</td></tr>
<tr><td></td><td colspan="2">5. 해당 지식과 기술을 확실하게 습득하여 직무수행에 필요한 기술적 사고력과 문제해결력을 토대로 주도적으로 완벽한 작업을 수행할 수 있다.</td></tr>
<tr><td></td><td colspan="2">4. 해당 지식과 기술을 습득하여 직무수행에 필요한 기술적 사고력과 문제해결력을 토대로 작업을 수행할 수 있다.</td></tr>
<tr><td></td><td colspan="2">3. 해당 지식과 기술을 대부분 습득하여 직무수행에 필요한 지식과 기술을 가지고 대부분의 작업을 수행할 수 있다.</td></tr>
<tr><td></td><td colspan="2">2. 해당 지식과 기술을 부분적으로 습득하여 직무수행에 필요한 지식과 기술을 가지고 타인과 공동으로 작업을 수행할 수 있다.</td></tr>
<tr><td></td><td colspan="2">1. 해당 지식과 기술을 습득하는데 부족함이 있어 타인의 도움을 받아야만 작업을 수행할 수 있다.</td></tr>
<tr><td colspan="3">평가자는 학습자의 달성 정도를 성취 수준에 표시한다.</td></tr>
</table>

평가영역(단원명)	수 행 준 거	예	아니오
1502010407_18v5.1 CNC선반 가공 CAM 프로그램 작성 준비하기	1.1 작업 도면에 준하여 CNC 선반의 사양을 확인하고 가공 가능한 기계를 선택할 수 있다.		
	1.2 작업 공정에 알맞은 CNC 선반 공구를 선택하고 작업 공정을 순서대로 작업 표준서에 작성할 수 있다.		
	1.3 작업 공정에 준하여 재료와 사용 공구의 조건에 따라 각 공정별 절삭 조건을 설정할 수 있다.		
	1.4 도면 사양에 부합되는 부품을 제작하기 위하여 관련 기술 자료를 참고할 수 있다.		
1502010407_18v5.2 CNC 선반가공 CAM 프로그램 작성하기	2.1 모델링 데이터를 불러와서 가공 데이터를 생성하기 위한 수정 · 편집을 수행할 수 있다.		
	2.2 작업 표준서에 따라 CNC 선반공구를 선택하고 결정된 가공 조건으로 공구 경로를 결정하고 공정 순서대로 프로그램을 작성할 수 있다.		
	2.3 가공 데이터 생성 시 공작물 가공 원점, 공작물 회전수, 공구 이송 속도, 절삭 공구의 절입 깊이, 재료 물림량 등의 가공 조건을 참고하여 결정할 수 있다.		
	2.4 작성된 작업 표준서의 작업 공정을 보고 CAM 시스템을 사용하여 CNC 선반가공 데이터를 생성할 수 있다.		
1502010407_18v5.3 CNC 선반가공 CAM 프로그램 확인하기	3.1 CAM 시스템에서 시뮬레이션 기능을 활용하여 공구 경로의 이상 유무를 확인할 수 있다.		
	3.2 프로그램 이상이 확인되면 잘못된 가공 데이터를 수정할 수 있다.		
	3.3 작업 공정 순서에 따라 작업 표준서를 검토할 수 있다.		

5. CNC 밀링(머시닝센터) 조작

NCS 기반 평가도구 개발

[CNC 밀링(머시닝센터) 조작(1502010405_18v3)]

- 제 출 일 : ____________________
- 소 속 : ____________________
- 교과목명 : ____________________
- 개 발 자 : ____________________

【능력단위명: CNC 밀링(머시닝센터) 조작】

대분류	중분류	소분류	세분류
15. 기계	02. 기계가공	01. 절삭가공	02. CAM가공

A-1 능력단위 주요 평가영역 도출

구분	내용					
훈련 목표	CNC 밀링(머시닝센터) 장비의 취급 설명서를 숙지하고 장비를 조작할 수 있다.					
장비 · 재료	• CNC 밀링(머시닝센터) • 측정기류(버니어캘리퍼스, 마이크로미터) • CNC 프로그램 전송장치 • 절삭공구(페이스커터, 엔드밀, 드릴 등) • 공구 홀더 • 알루미늄(□70×70×20) • 절삭유 • 윤활유					
평가시 고려사항	• 사용 장비 조작 방법 • 장비 안전운전 방법 • 공작물 좌표계의 설정에 대한 지식 • 공구 길이, 위치, 지름에 대한 보정 • 클램프 장치의 종류 및 특성 • 절삭유의 종류 및 특성 • 금속 재료의 종류 및 특성 • 비철금속에 대한 지식					
주요 평가 영역	지식		기술	○	태도	○

A-2 평가 방법 및 문항 수 도출

능력단위	능력단위 요소	주요 평가 영역			능력단위 요소 연계성	문항 수	평가 방법
		지식 (지필)	기술·태도 (수행관찰)	기술 (산출물)			
CNC 밀링(머시닝센터) 조작	CNC 밀링(머시닝센터) 조작 준비하기		√		.1 .2 .3	2	포트폴리오
	CNC 밀링(머시닝센터) 조작하기			√	.1 .2 .3	2	포트폴리오
	측정 · 검사하기			√	.1 .2 .3	1	포트폴리오

A-3 능력단위 요소별 배점기준 도출

능력단위	능력단위 요소	훈련 필요성				배점 비중 (Ⓓ/Ⓔ)*100
		중요도 Ⓐ	난이도 Ⓑ	활용 빈도 Ⓒ	합계 Ⓓ	
		낮음 ↔ 보통 ↔ 높음 ①②③				
CNC 밀링(머시닝센터) 조작	CNC 밀링(머시닝센터) 조작 준비하기	2	3	2	7	37
	CNC 밀링(머시닝센터) 조작하기	3	3	3	9	48
	측정 · 검사하기	1	1	1	3	15
계 Ⓔ		6	7	7	19	100

A-4 교수자용 평가 문항 개발

과정명	컴퓨터응용가공 산업기사	교과목명	CNC 밀링 (머시닝센터)	능력단위	CNC 밀링(머시닝센터) 조작
능력단위 요소	CNC 밀링(머시닝센터) 조작 준비하기 CNC 밀링(머시닝센터) 조작하기 측정 · 검사하기	평가유형	포트폴리오 (서술형 평가)	문항 수	5
평가 시간	20분	배점	20점	평가자	(서명)

평가 문항 (수행 내용)

■ 다음 가공 도면

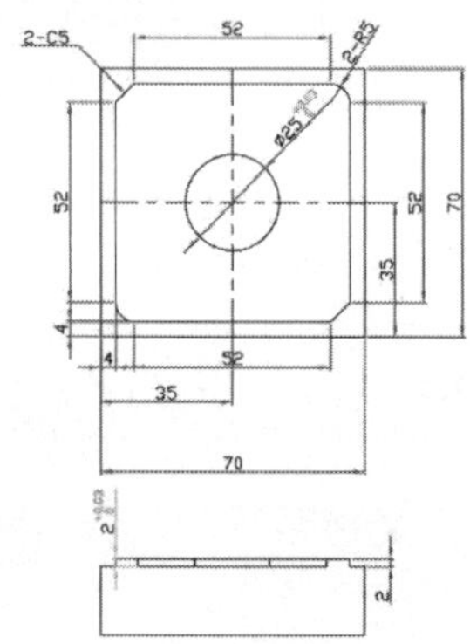

■ 평가기준

구분	평가기준	배점	득점 1차	득점 2차
포토 폴리오평가	1. 유형 1 또는 유형 2로 작성하면 4점, 순서가 1가지 상이할 경우 3점, 2가지가 상이할 경우 2점, 그 외 오답으로 0점 처리한다.	4		
	2. 2, 3, 4, 5 모두 작성한 경우 4점, 3가지만 작성한 경우 3점, 2가지만 작성한 경우 2점, 1가지만 작성한 경우 1점으로 처리한다.	4		
	3. 공구 선정이 적정한 경우 4점, 선정하지 못한 경우 0점으로 처리한다.	4		
	4. 2가지 모두 작성한 경우 4점, 1가지만 작성한 경우 3점, 작성하지 못한 경우 0점으로 처리한다.	4		
	5. 2가지 이상 작성 시 4점, 1가지 작성 시 3점, 작성하지 못한 경우 0점으로 처리한다.	4		

■ 평가 시 유의사항

평가 시 유의사항②
1. 과제 평가 제한 시간은 20분으로 20분에서 2분 초과 시마다 1점 감점 5분 이상 초과 시 0점 2. 정확한 단어로 서술하고 오탈자인 경우 전체 문맥을 보고 판단하여 3개소마다 감점 1점 3. 기타 배점은 평가기준에 따라 적용 ※ 감점 시 배점 이상은 적용하지 않는다.

평가 문항 (수행 내용)

■ 과제에서 제시한 내용을 요약하여 작성하시오.

[과제 1] 위의 도면에서 제시된 공작물을 가공하기 위하여 바이스를 설치하고자 한다. 설치 방법의 예를 순서대로 배치해 보시오. [1. CNC 밀링(머시닝센터)조작 준비하기: 4점]

[예시]

A1: 테이블과 바이스 밑면을 걸레로 깨끗이 닦고, 돌기 부분이 있을 때는 기름숫돌 등으로 제거한다.

B4: 바이스 조를 걸레로 깨끗이 닦는다.

C2: 테이블 홈에 바이스 고정 키를 맞춘다.

D5: 다이얼 게이지를 이용하여 바이스의 평행을 측정할 수 있도록 맞춘 후 눈금을 확인한다.

E7: 지시 눈금 차이의 1/2만큼 바이스 핸들 쪽의 옆면을 연질 해머로 두들겨서 눈금 차이를 수정한다.

F8: 조의 양단 차이가 없어질 때까지 수정을 반복하면서 바이스를 완전히 고정한다.

G3: 바이스 고정 위치는 테이블 좌측 또는 우측 1/3 지점에 고정한다.

H6: 조의 전체 길이를 접촉시켜 양단 끝의 지시 눈금 차이를 읽는다.

[정답]

(유형 1)

A ➔ C ➔ G ➔ B : D ➔ H ➔ E ➔ F

(유형 2)

A ➔ C ➔ G ➔ B : D ➔ E ➔ H ➔ F

[과제 2] 도면을 보고 가공하고자 한다. 프로그램을 작성하기까지 ( ) 안의 공정(2번에서 5번까지) 작성해 보시오. [1. CNC 밀링(머시닝센터) 조작 준비하기: 4점]

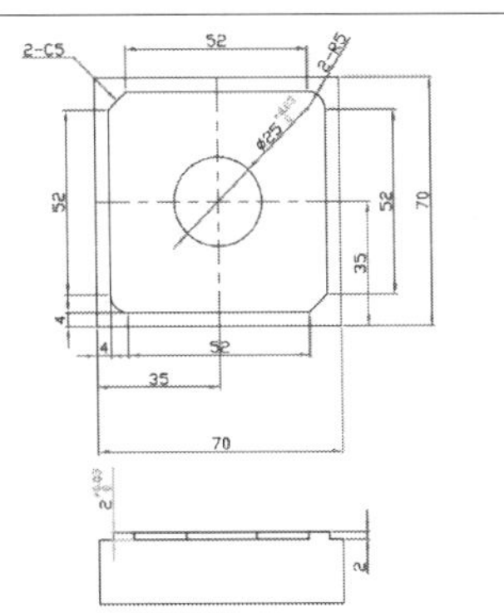

(소재는 알루미늄 사용)

(1) 공작물 가공에 적합한 CNC 밀링(머시닝센터) 선정

↓

(2) (   )

(3) (   )

(4) (   )

(5) (   )

(6) 프로그램 작성 후 공구 경로 확인

(7) 오차가 발생할 경우 공구 보정 번호에 오차만큼 보정하여 다시 가공한다.

평가 문항 (수행 내용)	[정답] (2) 가공 순서 결정 (3) 가공물을 고정 (4) 공구를 선정과 설치 (5) 프로그램에서 가공 시작점 결정 [과제 3] 위의 도면을 가공하고자 할 때 적합한 공구를 선정해 보시오. [1. CNC 밀링(머시닝센터) 조작 준비하기: 4점] [정답] 평엔드밀 2날, 혹은 4날 직경이 10mm 또는 8mm, 12mm, 14mm, 16mm 가능 [과제 4] 원점 복귀 방법 중 수동 원점 복귀 방법과 자동 원점 복귀 방법에 대하여 작성하시오. [2. CNC 밀링(머시닝센터) 조작하기: 4점] [정답] 1. 수동 원점 복귀 방법: 머시닝센터 조작반에서 원점 복귀 모드를 선택한 다음 Z축, X과 Y축의 +방향 KEY를 선택하여 수동으로 원점 복귀하는 방법 2. 자동 원점 복귀 방법: 프로그램에서 명령하여 원점 복귀하는 방법 [과제 5] 나라별 규격과 국제 규격을 2가지 이상 작성하시오. (3. 측정 · 검사하기: 4점) [예: ISO : 국제 표준화 기구(International Organization for Standardization)] [정답] 1. KS : 한국 공업 규격(Korean Industrial Standards) 2. ANS I: 미국 공업 규격(American National Standards Institute) 3. BS : 영국 공업 규격(British Standards) 4. DIN : 독일 공업 규격(Deutsches Istitute fur Normung) 5. JIS : 일본 공업 규격(Japanese Industrial Standards) 등이 있다.

과정명	컴퓨터응용가공 산업기사	교과목명	CNC 밀링(머시닝센터)	능력단위	CNC 밀링(머시닝센터) 조작
능력단위 요소	CNC 밀링(머시닝센터) 조작 준비하기 CNC 밀링(머시닝센터) 조작하기 측정 · 검사하기	평가 유형	포트폴리오 (도면 제시형)	문항 수	1
평가 시간	1	배점	80	평가자	(서명)

평가 문항 (수행 내용)

■ 다음 도면을 보고 작업을 준비하여 프로그램을 작성한 후 머시닝센터를 이용하여 가공하고 측정하시오.

[요구사항]

1. 과제: 윤곽가공과 포켓가공
2. 작업 순서
   가. CNC 밀링(머시닝센터) 조작 준비하기
   - 장비 조작: 전원을 공급하여 원점 복귀 등 안전하게 장비를 조작한다.
   - 공작물 고정: 공작물의 치수를 확인한 다음 설치된 바이스에 고정한다.
   - 작업 공정 순으로 절삭공구를 선정하여 설치한다.
   - 알람 메시지가 발생할 경우 정보를 확인하여 조치한다.

   나. CNC 밀링(머시닝센터) 조작하기
   - 설치된 공작물의 공작물 좌표계를 설정한다.
   - 수동으로 가공 프로그램을 작성한다.
   - 작성된 프로그램의 공구 경로를 확인한다.
   - 절삭 조건표를 확인하여 가공한다.
   - 가공품의 치수를 확인한 후 공구 보정량을 이용하여 보정값을 수정할 수 있다.

   다. 측정 · 검사하기
   - 가공부의 치수를 확인하여 적합한 측정기를 선정한다.
   - 선정된 측정기로 측정한다.
   - 측정값을 확인하고 수정이 필요한 경우 재가공하고 측정한다.
3. 세부 요구사항
   - 도면의 치수의 공차가 기입되지 않은 부위는 ±0.05mm를 적용하여 가공하시오.
   - 모따기는 조립부는 01.mm, 조립 외 부위는 0.3mm로 가공하시오.

제시 도면

■ 도면

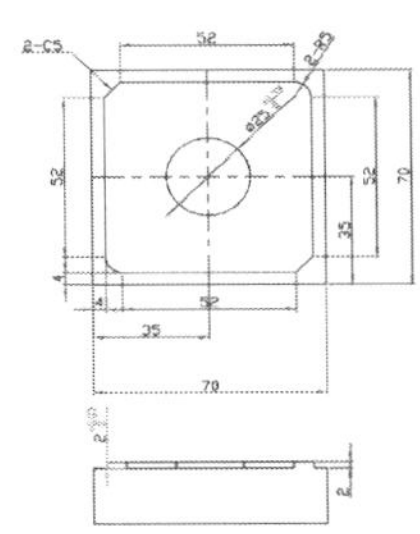

작업 조건표

공구	구분	외 경	길이보정	경보정	이송	회전수
T04	평엔드밀	ø10	H04	D04	250	1000

평가 문항 (수행 내용)

■ 도면

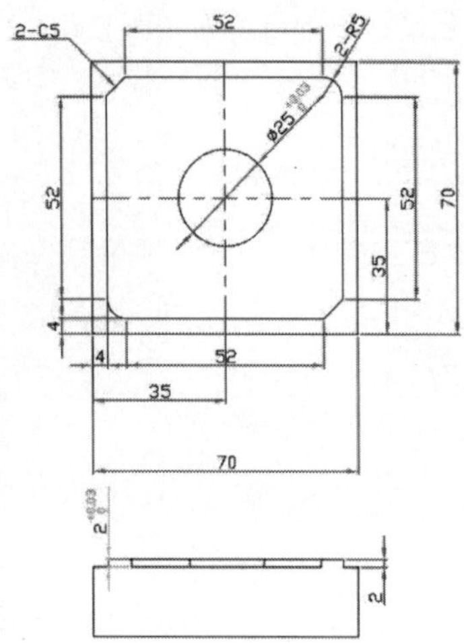

작업 조건표

공구	구분	외 경	길이보정	경보정	이송	회전수
T04	평엔드밀	ø10	H04	D04	250	1000

제시 도면

■ 수동 프로그램 작성 제출

```
%
O0001;
G17 G40 G49 G80;
G91 G28 Z0;
T4 M06;
G90 G0 G54 X-10. Y-10. M3 S1500;
G43 Z50. H4 M8;
Z2.;
G1 Z-2. F200;
X-2.;
Y72.;
X72.;
Y-2.;
X-10.;
Y-10.;
G41 D04 X4.;
Y61.;
X9. Y66.;
X61.;
G02 X66. Y61. R5.;
G01 Y9.;
X61. Y4.;
X9.;
G02 X4. Y9. R5.;
G01 X-10.;
G40 G1 Y-10.;
G0 Z50.;
X35. Y35.;
Z2.;
G1 Z-2. F80;
X42.5;
G03 I-7.5;
G01 X35.;
G0 Z50. M9;
G91 G28 Z0.;
G28 Y0.;
M30;
%
```

능력단위요소	평가 요소	순번	평가 항목 (채점 항목)	배점			1차 평가	2차 평가	득점	
				상	중	하			1차	2차
작업 준비	장비 조작	1	장비 조작	10	7	3				
	안전운전	2	공작물 설치	6	4	2				
	공구 설치	3	공구 설치	7	5	3				
	작업 공정	4	작업 공정	6	4	2				
	소 계(29점)									
본 가공 수행하기	평가 요소	순번	평가 항목 (채점 항목)	배점			1차 평가	2차 평가	득점 1차	득점 2차
	좌표계 설정	5	워크 좌표계 설정	10	7	3				
	공구 보정	6	공구 길이 보정	5	3	2				
	시제품 가공	7	프로그램 작성	10	7	3				
	좌표계 수정	8	좌표계 수정	5	3	2				
	프로그램 수정	9	프로그램 수정	5	3	2				
	공구 교환	10	공구 교환	5	3	2				
	소 계(40점)									
검사 · 수정하기	평가 요소	순번	평가 항목 (채점 항목)	배점 상	배점 중	배점 하	1차 평가	2차 평가	득점 1차	득점 2차
	측정기선정	11	측정기 선정	3	2	1				
	"0" 점 확인	12	측정 방법	2	1	0				
	측정	13	외관검사	3	2	1				
	재가공	14	정밀공차	3	2	1				
	소 계(11점)									
최종 점수										
평가자 의견 및 피드백									훈련생 확인	
									(서명)	

A-5 평가 공개자료

<table>
<tr><td>과정명</td><td>컴퓨터응용가공 산업기사</td><td>교과목명</td><td>CNC 밀링
(머시닝센터)</td><td>능력단위</td><td>CNC 밀링(머시닝
센터) 조작</td></tr>
<tr><td rowspan="3">능력단위
요소</td><td>CNC 밀링(머시닝센터)
조작 준비하기</td><td rowspan="3">평가 유형</td><td rowspan="3">포트폴리오
(서술형 평가)</td><td rowspan="3">문항 수</td><td rowspan="3">5</td></tr>
<tr><td>CNC 밀링(머시닝센터)
조작하기</td></tr>
<tr><td>측정 · 검사하기</td></tr>
<tr><td>평가 시간</td><td>20분</td><td>배점</td><td>20점</td><td>평가자</td><td>(서명)</td></tr>
</table>

평가 문항 (수행 내용)

■ 다음 가공 도면

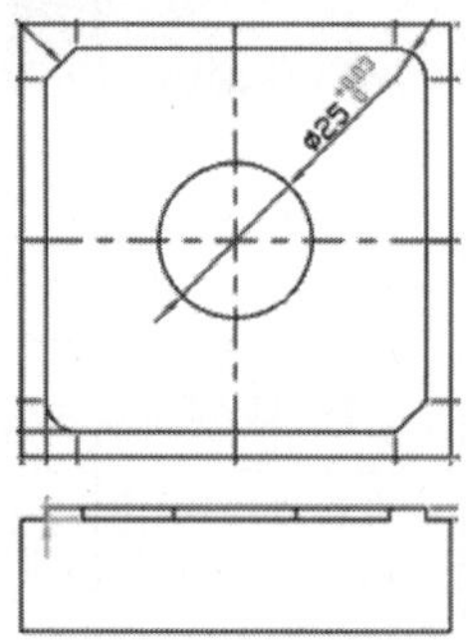

■ 평가기준

<table>
<tr><td rowspan="2">구분</td><td rowspan="2">평가기준</td><td rowspan="2">배점</td><td colspan="2">득점</td></tr>
<tr><td>1차</td><td>2차</td></tr>
<tr><td rowspan="5">포토
폴리오평
가</td><td>1. 유형 1 또는 유형 2로 작성하면 4점, 순서가 1가지 상이할 경우 3점, 2가지가 상이할 경우 2점, 그 외 오답으로 0점 처리한다.</td><td>4</td><td></td><td></td></tr>
<tr><td>2. 2, 3, 4, 5 모두 작성한 경우 4점, 3가지만 작성한 경우 3점, 2가지만 작성한 경우 2점, 1가지만 작성한 경우 1점으로 처리한다.</td><td>4</td><td></td><td></td></tr>
<tr><td>3. 공구 선정이 적정한 경우 2점, 선정하지 못한 경우 0점으로 처리한다.</td><td>4</td><td></td><td></td></tr>
<tr><td>4. 2가지 모두 작성한 경우 4점, 1가지만 적성한 경우 3점, 작성하지 못한 경우 0점으로 처리한다.</td><td>4</td><td></td><td></td></tr>
<tr><td>5. 2가지 이상 작성 시 4점, 1가지 작성 시 3점, 작성하지 못한 경우 0점으로 처리한다.</td><td>4</td><td></td><td></td></tr>
</table>

■ 평가 시 유의사항

평가 시 유의사항 ②
1. 과제 평가 제한 시간은 20분으로 20분에서 2분 초과 시마다 1점 감점 5분 이상 초과 시 0점 2. 정확한 단어로 서술하고 오탈자인 경우 전체 문맥을 보고 판단하여 3개소마다 감점 1점 3. 기타 배점은 평가기준에 따라 적용 ※ 감점 시 배점 이상은 적용하지 않는다.

과정명	컴퓨터응용가공 산업기사	교과목명	CNC 밀링(머시닝센터)	능력단위	CNC 밀링(머시닝센터) 조작
능력단위 요소	CNC 밀링(머시닝센터) 조작 준비하기 CNC 밀링(머시닝센터) 조작하기 측정 · 검사하기	평가유형	포트폴리오(도면 제시형)	문항 수	1
평가 시간	1	배점	80	평가자	(서명)

평가문항(수행내용)

■ 다음 도면을 보고 작업을 준비하여 프로그램을 작성한 후 머시닝센터를 이용하여 가공하고 측정하시오.

[요구사항]

1. 과제: 윤곽가공과 포켓가공
2. 작업 순서

가. CNC 밀링(머시닝센터) 조작 준비하기

- 장비 조작: 전원을 공급하여 원점 복귀 등 안전하게 장비를 조작한다.
- 공작물 고정: 공작물의 치수를 확인한 다음 설치된 바이스에 고정한다.
- 작업 공정 순으로 절삭공구를 선정하여 설치한다.
- 알람 메시지가 발생할 경우 정보를 확인하여 조치한다.

나. CNC 밀링(머시닝센터) 조작하기

- 설치된 공작물의 공작물 좌표계를 설정한다.
- 수동으로 가공 프로그램을 작성한다.
- 작성된 프로그램의 공구 경로를 확인한다.
- 절삭 조건표를 확인하여 가공한다.
- 가공품의 치수를 확인한 후 공구 보정량을 이용하여 보정값을 수정할 수 있다.

다. 측정 · 검사하기

- 가공부의 치수를 확인하여 적합한 측정기를 선정한다.
- 선정된 측정기로 측정한다.
- 측정값을 확인하고 수정이 필요한 경우 재가공하고 측정한다.

3. 세부 요구사항

- 도면의 치수의 공차가 기입되지 않은 부위는 ±0.05mm를 적용하여 가공하시오.
- 모따기는 조립부는 01.mm, 조립 외 부위는 0.3mm로 가공하시오.

제시도면

■ 도면

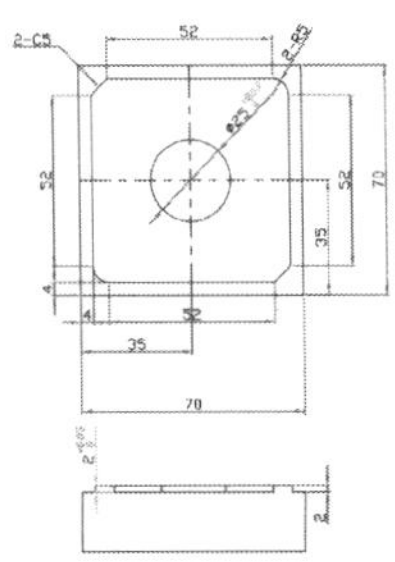

작업 조건표

공구	구분	외 경	길이보정	경보정	이송	회전수
T04	평엔드밀	ø10	H04	D04	250	1000

주요 평가 항목 및 배점	단원(능력단위 요소)	평가 요소	배점
	CNC 밀링(머시닝센터) 조작 준비하기	장비 조작, 공작물 고정, 작업 공정, 알람 해제	25
	CNC 밀링(머시닝센터) 조작하기	공작물 좌표계 설정, 수동 가공 프로그램 작성, 공구 경로 확인, 절삭 조건 설정, 가공 및 보정	44
	측정· 검사하기	측정기 선정, 측정, 필요 시 재가공	11
	계		80점

A-6 내부평가 시험지

과정명	컴퓨터응용가공 산업기사	교과목명		CNC 밀링(머시닝센터)	능력단위	CNC 밀링(머시닝센터) 조작
능력단위 요소	CNC 밀링(머시닝센터) 조작 준비하기 CNC 밀링(머시닝센터) 조작하기 측정 · 검사하기	평가 유형		포트폴리오 (서술형)	학생 명	(서명)
평가 시간	20분	평가 일시	1차		평가자	(서명)
			2차			

평가 문항 (수행 내용)

■ 다음 가공 도면

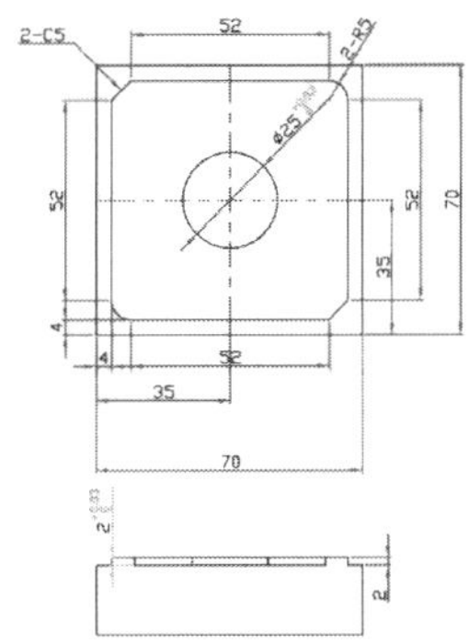

■ 평가기준

구분	평가기준	배점	득점 1차	득점 2차
포토폴리오평가	1. 유형 1 또는 유형 2로 작성하면 4점, 순서가 1가지 상이할 경우 3점, 2가지가 상이할 경우 2점, 그 외 오답으로 0점 처리한다.	4		
	2. 2, 3, 4, 5 모두 작성한 경우 4점, 3가지만 작성한 경우 3점, 2가지만 작성한 경우 2점, 1가지만 작성한 경우 1점으로 처리한다.	4		
	3. 공구 선정이 적정한 경우 2점, 선정하지 못한 경우 0점으로 처리한다.	4		
	4. 2가지 모두 작성한 경우 4점, 1가지만 적성한 경우 3점, 작성하지 못한 경우 0점으로 처리한다.	4		
	5. 2가지 이상 작성 시 4점, 1가지 작성 시 3점, 작성하지 못한 경우 0점으로 처리한다.	4		

■ 평가 시 유의사항

평가 시 유의사항 ②
1. 과제 평가 제한 시간은 20분으로 20분에서 2분 초과 시마다 1점 감점 5분 이상 초과 시 0점
2. 정확한 단어로 서술하고 오탈자인 경우 전체 문맥을 보고 판단하여 3개소마다 감점 1점
3. 기타 배점은 평가기준에 따라 적용
※ 감점 시 배점 이상은 적용하지 않는다.

평가 문항 (수행 내용)

[과제 1] 위의 도면에서 제시된 공작물을 가공하기 위하여 바이스를 설치하고자 한다. 설치 방법의 예를 순서대로 배치해 보시오. [1. CNC 밀링(머시닝센터)조작 준비하기: 4점]

[예시]

A: 테이블과 바이스 밑면을 걸레로 깨끗이 닦고, 돌기 부분이 있을 때에는 기름숫돌 등으로 제거한다.

B: 바이스 조를 걸레로 깨끗이 닦는다.

C: 테이블 홈에 바이스 고정 키를 맞춘다.

D: 다이얼 게이지를 이용하여 바이스의 평행을 측정할 수 있도록 맞춘 후 눈금을 확인한다.

E7: 지시 눈금 차이의 1/2만큼 바이스 핸들 쪽의 옆면을 연질 해머로 두들겨서 눈금 차이를 수정한다.

F8: 조의 양단 차이가 없어질 때까지 수정을 반복하면서 바이스를 완전히 고정한다.

G: 바이스 고정 위치는 테이블 좌측 또는 우측 1/3 지점에 고정한다.

H6: 조의 전체 길이를 접촉시켜 양단 끝의 지시 눈금 차이를 읽는다.

[정답]

A➔(C)➔(G)➔D➔(H)➔(　　)➔(　　)

[과제 2] 도면을 보고 가공하고자 한다. 프로그램을 작성하기까지 (　) 안의 공정(2번에서 5번까지) 작성해 보시오. [1. CNC 밀링(머시닝센터)조작 준비하기: 4점]

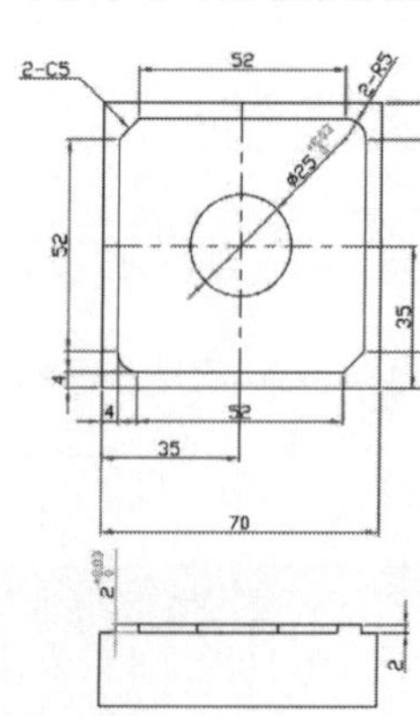 (소재는 알루미늄 사용)	(1) 공작물 가공에 적합한 CNC 밀링(머시닝센터) 선정 ↓ (2) (　　　　　　　　) (3) (　　　　　　　　) (4) (　　　　　　　　) (5) (　　　　　　　　) (6) 프로그램 작성 후 공구 경로 확인 (7) 오차가 발생할 경우 공구 보정 번호에 오차만큼 보정하여 다시 가공한다.

NCS 기반 평가도구 개발

평가 문항 (수행 내용)	[정답] (2): (3): (4): (5): [과제 3] 위의 도면을 가공하고자 할 때 적합한 공구를 선정해 보시오. [1. CNC 밀링(머시닝센터) 조작 준비하기: 2점] [정답] [과제 4] 원점 복귀 방법 중 수동 원점 복귀 방법과 자동 원점 복귀 방법에 대하여 작성하시오. [2. CNC 밀링(머시닝센터) 조작하기: 4점] [정답] [과제 5] 각 나라별 규격과 국제 규격을 2가지 이상 작성하시오. (3. 측정 · 검사하기 4점) (예: ISO : 국제 표준화 기구(International Organization for Standardization)) [정답] 1. KS : 2. ANSI : 3. BS : 4. DIN : 5. JIS :

<table>
<tr><td>과정명</td><td>컴퓨터응용가공 산업기사</td><td>교과목명</td><td>CNC 밀링
(머시닝센터)</td><td>능력단위</td><td>CNC 밀링(머시닝
센터) 조작</td></tr>
<tr><td rowspan="3">능력단위
요소</td><td>CNC 밀링(머시닝센터)
조작 준비하기</td><td rowspan="3">평가 유형</td><td rowspan="3">포트폴리오
(도면 제시형)</td><td rowspan="3">문항 수</td><td rowspan="3">1</td></tr>
<tr><td>CNC 밀링(머시닝센터)
조작하기</td></tr>
<tr><td>측정 · 검사하기</td></tr>
<tr><td>평가시간</td><td>1</td><td>배점</td><td>80</td><td>평가자</td><td>(서명)</td></tr>
</table>

평가 문항 (수행 내용)

■ 다음 도면을 보고 작업을 준비하여 프로그램을 작성한 후 머시닝센터를 이용하여 가공하고 측정하시오.

[요구사항]

1. 과제: 윤곽가공과 포켓가공
2. 작업 순서

가. CNC 밀링(머시닝센터) 조작 준비하기
- 장비 조작: 전원을 공급하여 원점 복귀 등 안전하게 장비를 조작한다.
- 공작물 고정: 공작물의 치수를 확인한 다음 설치된 바이스에 고정한다.
- 작업 공정 순으로 절삭공구를 선정하여 설치한다.
- 알람 메시지가 발생할 경우 정보를 확인하여 조치한다.

나. CNC 밀링(머시닝센터) 조작하기
- 설치된 공작물의 공작물 좌표계를 설정한다.
- 수동으로 가공 프로그램을 작성한다.
- 작성된 프로그램의 공구 경로를 확인한다.
- 절삭 조건표를 확인하여 가공한다.
- 가공품의 치수를 확인한 후 공구 보정량을 이용하여 보정값을 수정할 수 있다.

다. 측정 · 검사하기
- 가공부의 치수를 확인하여 적합한 측정기를 선정한다.
- 선정된 측정기로 측정한다.
- 측정값을 확인하고 수정이 필요한 경우 재가공하고 측정한다.

3. 세부 요구사항
- 도면의 치수의 공차가 기입되지 않은 부위는 ±0.05mm를 적용하여 가공하시오.
- 모따기는 조립부는 01.mm, 조립 외 부위는 0.3mm로 가공하시오.

제시 도면

■ 도면

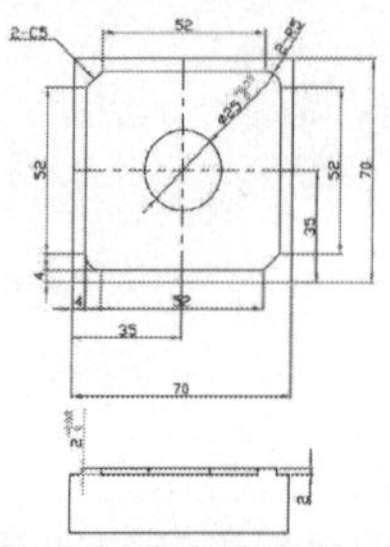

작업 조건표

공구	구분	외 경	길이보정	경보정	이송	회전수
T04	평엔드밀	ø10	H04	D04	250	1000

■ 도면

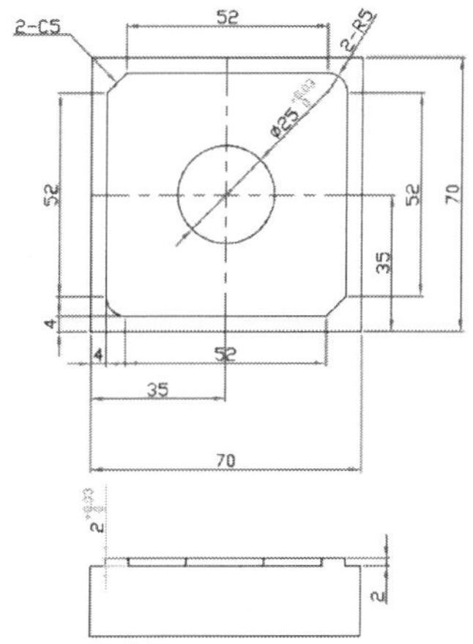

작업 조건표						
공구	구분	외 경	길이보정	경보정	이송	회전수
T04	평엔드밀	ø10	H04	D04	250	1000

제시 도면

평가 문항 (수행 내용)

■ 수동 프로그램 작성 제출

```
%
O0001;
G17 G40 G49 G80;
G91 G28 Z0;
T4 M06;
G90 G0 G54 X-10. Y-10. M3 S1500;
G43 Z50. H4 M8;
Z2.;
G1 Z-2. F200;
X-2.;
Y72.;
X72.;
Y-2.;
X-10.;
Y-10.;
G41 D04 X4.;
Y61.;
X9. Y66.;
X61.;
G02 X66. Y61. R5.;
G01 Y9.;
X61. Y4.;
X9.;
G02 X4. Y9. R5.;
G01 X-10.;
G40 G1 Y-10.;
G0 Z50.;
X35. Y35.;
Z2.;
( G1 Z-2. F8 0; ) 포켓가공 프로그램
( X42.5;        )
( G03 I-7.5;    )
( G01 X35.;     )
G0 Z50. M9;
G91 G28 Z0.;
G28 Y0.;
M30;
%
```

CHAPTER 02

A-7 과제 평가표

능력단위요소	평가 요소	순번	평가 항목 (채점 항목)	배점 상	배점 중	배점 하	1차 평가	2차 평가	득점 1차	득점 2차
CNC 밀링(머시닝센터) 조작 준비하기	작업 준비	1	장비 조작	10	7	3				
		2	공작물 설치	6	4	2				
		3	공구 설치	7	5	3				
		4	작업 공정	6	4	2				
	소 계(29점)									
CNC 밀링(머시닝센터) 조작하기	평가 요소	순번	평가 항목 (채점 항목)	배점			1차 평가	2차 평가	득점 1차	득점 2차
	장비 조작	5	워크 좌표계 설정	10	7	3				
		6	공구 길이 보정	5	3	2				
		7	프로그램 작성	10	7	3				
		8	좌표계 수정	5	3	2				
		9	프로그램 수정	5	3	2				
		10	공구 교환	5	3	2				
	소 계(40점)									
측정 · 검사하기	평가 요소	순번	평가 항목 (채점 항목)	배점 상	배점 중	배점 하	1차 평가	2차 평가	득점 1차	득점 2차
	측정	11	측정기 선정	3	2	1				
		12	"0" 점 확인	2	1	0				
		13	측정	3	2	1				
		14	재가공	3	2	1				
	소 계(11점)									
최종 점수										

평가자 의견 및 피드백		훈련생 확인
		(서명)

CHAPTER 02

A-8 평가도구 채점표

과정명	컴퓨터응용가공 산업기사	교과목명		CNC 밀링(머시닝센터)	능력단위	CNC 밀링(머시닝센터) 조작
능력단위 요소	CNC 밀링(머시닝센터) 조작 준비하기 CNC 밀링(머시닝센터) 조작하기 측정 . 검사하기	평가 유형		포트폴리오	평가자	(서명)
평가 시간	1시간 20분	평가 일시	1차			
			2차			

평가 차수	번호	배점 / 성명	평가 항목(순번) 배점 및 득점																			총점 (100)	성취 수준	Pass / Fail	훈련생 확인
			1	2	3	4	5	1	2	3	4	5	6	7	8	9	10	11	12	13	14				
			4 3 2 0	4 3 2 1	4 3 0	4 3 0	4 3 0	10 7 3	6 4 3	7 5 3	6 4 2	10 7 3	5 3 2	10 7 3	5 3 2	5 3 2	5 3 2	3 2 1	2 1 0	3 2 1	3 2 1				
1차 평가	1																								
	:																								
	:																								
	재평가 대상자																								

평가 차수	번호	배점 / 성명	평가 항목(순번) 배점 및 득점																			총점 (100)	성취 수준	Pass / Fail	훈련생 확인
			1	2	3	4	5	1	2	3	4	5	6	7	8	9	10	11	12	13	14				
			4 3 2 0	4 3 2 1	4 3 0	4 3 0	4 3 0	10 7 3	6 4 3	7 5 3	6 4 2	10 7 3	5 3 2	10 7 3	5 3 2	5 3 2	5 3 2	3 2 1	2 1 0	3 2 1	3 2 1				
2차 평가	1																								
	:																								
	:																								

A-9 평가자 의견 및 피드백

과정명	컴퓨터응용가공 산업기사	교과목명	CNC 밀링(머시닝센터)	능력단위	CNC 밀링(머시닝 센터) 조작
능력단위 요소	CNC 밀링(머시닝센터) 조작 준비하기 CNC 밀링(머시닝센터) 조작하기 측정 · 검사하기	평가 유형	포트폴리오	평가자	(서명)
평가 시간	1시간 20분	평가 일시			

번호	성명	평가자 의견 및 피드백 내용	훈련생 확인
1			(서명)
2			
3			
4			
5			
:			
:			
:			
:			
:			

A-10 평가 증빙자료

<table>
<tr><td>과정명</td><td>컴퓨터응용가공 산업기사</td><td colspan="2">교과목명</td><td>CNC 밀링(머시닝센터)</td><td>능력단위</td><td>CNC 밀링(머시닝센터) 조작</td></tr>
<tr><td rowspan="3">능력단위 요소</td><td>CNC 밀링(머시닝센터) 조작 준비하기</td><td colspan="2" rowspan="3">평가 유형</td><td rowspan="3">포트폴리오</td><td rowspan="5">평가자</td><td rowspan="5">(서명)</td></tr>
<tr><td>CNC 밀링(머시닝센터) 조작하기</td></tr>
<tr><td>측정 · 검사하기</td></tr>
<tr><td rowspan="2">평가 시간</td><td rowspan="2">1시간 20분</td><td rowspan="2">평가 일시</td><td>1차</td><td></td></tr>
<tr><td>2차</td><td></td></tr>
<tr><td colspan="7">사진</td></tr>
</table>

<table>
<tr><td>1차 평가</td></tr>
<tr><td>1. 평가지(서술형 평가지)
2. 가공물(프로그램 + 가공물 형상)</td></tr>
</table>

A-11 능력단위 성적표

<table>
<tr><td>과정명</td><td>컴퓨터응용가공 산업기사</td><td colspan="2">교과목명</td><td colspan="2">CNC 밀링(머시닝센터)</td><td>능력단위</td><td colspan="2">CNC 밀링(머시닝센터) 조작</td></tr>
<tr><td rowspan="3">능력단위 요소</td><td>CNC 밀링(머시닝센터) 조작 준비하기</td><td colspan="2" rowspan="3">평가 유형</td><td colspan="2" rowspan="3">포트폴리오</td><td rowspan="5">평가자</td><td colspan="2" rowspan="5">(서명)</td></tr>
<tr><td>CNC 밀링(머시닝센터) 조작하기</td></tr>
<tr><td>측정 · 검사하기</td></tr>
<tr><td rowspan="2">평가 시간</td><td rowspan="2">1시간 20분</td><td rowspan="2">평가 일시</td><td>1차</td><td colspan="2"></td></tr>
<tr><td>2차</td><td colspan="2"></td></tr>
<tr><td rowspan="2">번호</td><td rowspan="2">성명</td><td colspan="2">능력단위 점수</td><td colspan="2">성취 수준</td><td colspan="3">Pass/Fail</td></tr>
<tr><td>1차</td><td>2차</td><td>1차</td><td>2차</td><td>1차</td><td colspan="2">2차</td></tr>
<tr><td>1</td><td></td><td></td><td></td><td></td><td></td><td></td><td colspan="2"></td></tr>
<tr><td>:</td><td></td><td></td><td></td><td></td><td></td><td></td><td colspan="2"></td></tr>
<tr><td>:</td><td></td><td></td><td></td><td></td><td></td><td></td><td colspan="2"></td></tr>
</table>

A-12 능력단위 수행평가서

<table>
<tr><td rowspan="2">학습자 명:</td><td rowspan="2">평가자 명:
(서명)</td><td colspan="3">평 가 일 시</td></tr>
<tr><td>1차</td><td>년 월 일</td><td></td></tr>
<tr><td rowspan="2">교과목명: CNC밀링</td><td rowspan="2">1502010405_18v3
CNC 밀링
(머시닝센터) 조작</td><td>2차</td><td>년 월 일</td><td></td></tr>
<tr><td>3차</td><td>년 월 일</td><td></td></tr>
<tr><td colspan="2" rowspan="8">평가 방법:
본 평가는 단계별 자기평가의 학습과정이 완료된 학습자에 대하여 평가를 합니다.
학습을 위한 준비에서부터 실습의 완료 후 동작 확인까지 아래 사항의 수행기준에 근거하여 학습자를 평가하여야 합니다.
(본 능력단위의 평가 방법 등을 안내하여 학습자로 하여금 학습 준비를 할 수 있도록 함)</td><td colspan="3">전체 평가(고정 내용으로서 임의 변경 불가)</td></tr>
<tr><td>성취 수준</td><td colspan="2">수행 정도</td></tr>
<tr><td></td><td colspan="2">5. 해당 지식과 기술을 확실하게 습득하여 직무수행에 필요한 기술적 사고력과 문제해결력을 토대로 주도적으로 완벽한 작업을 수행할 수 있다.</td></tr>
<tr><td></td><td colspan="2">4. 해당 지식과 기술을 습득하여 직무수행에 필요한 기술적 사고력과 문제해결력을 토대로 작업을 수행할 수 있다.</td></tr>
<tr><td></td><td colspan="2">3. 해당 지식과 기술을 대부분 습득하여 직무수행에 필요한 지식과 기술을 가지고 대부분의 작업을 수행할 수 있다.</td></tr>
<tr><td></td><td colspan="2">2. 해당 지식과 기술을 부분적으로 습득하여 직무수행에 필요한 지식과 기술을 가지고 타인과 공동으로 작업을 수행할 수 있다.</td></tr>
<tr><td></td><td colspan="2">1. 해당 지식과 기술을 습득하는데 부족함이 있어 타인의 도움을 받아야만 작업을 수행할 수 있다.</td></tr>
<tr><td colspan="3">평가자는 학습자의 달성 정도를 성취 수준에 표시한다.</td></tr>
</table>

평가영역(단원명)	수 행 준 거	예	아니오
1502010405_18v3.1 CNC 밀링(머시닝센터) 조작 준비하기	1.1 CNC 밀링(머시닝센터) 장비의 취급 설명서를 숙지하고 장비를 조작할 수 있다.		
	1.2 CN C밀링(머시닝센터) 장비의 안전운전 준수사항을 숙지하고 안전하게 장비를 조작할 수 있다.		
	1.3 소재를 바이스에 정확하게 고정할 수 있다.		
	1.4 작업 공정 순으로 절삭공구를 설치할 수 있다.		
	1.5 CNC 밀링(머시닝센터) 장비의 유지보수 설명서를 숙지하고 장비를 유지 관리할 수 있다.		
	1.6 CNC 밀링(머시닝센터) 컨트롤러의 주요 알람 메시지에 관한 정보를 이해할 수 있다.		
1502010405_18v3.2 CNC 밀링(머시닝센터) 조작하기	2.1 공작물 좌표계 설정을 할 수 있다.		
	2.2 작업 공정에서 선정된 공구의 공구 보정(Tool offset)을 할 수 있다.		
	2.3 CNC 프로그램을 수동으로 입력하거나 전송 매체를 이용하여 CN C 밀링(머시닝센터)에서 안전하게 시제품을 가공할 수 있다.		
	2.4 가공 부품을 확인하고 공작물 좌표계 보정량 및 공구 보정량을 수정할 수 있다.		
	2.5 생산성을 높이기 위하여 절삭 조건 수정 및 프로그램을 수정할 수 있다.		
1502010207_16v4.3 검사 · 수정하기	3.1 부품의 형상과 측정 위치 공차 범위를 고려하여 측정기를 선정할 수 있다.		
	3.2 도면 사양에 일치하게 부품을 제작하고 측정기 사용법을 준수하여 측정 및 검사를 할 수 있다.		
	3.3 불량 발생 시 원인을 규명하고 수정할 수 있다.		
	3.4 부품의 검사기준을 정하고 검사 성적서를 작성하여 보고할 수 있다.		

6. CNC 밀링(머시닝센터) 가공 프로그래밍

NCS 기반 평가도구 개발

[CNC 밀링(머시닝센터) 가공 프로그래밍1502010406_18v5)]

- 제 출 일 : ______________________
- 소　　속 : ______________________
- 교과목명 : ______________________
- 개 발 자 : ______________________

【능력단위명: CNC 밀링(머시닝센터) 가공 프로그래밍】

대분류	중분류	소분류	세분류
15. 기계	02. 기계가공	01. 절삭가공	02. CAM가공

A-1 능력단위 주요 평가영역 도출

<table>
<tr><th>구분</th><th colspan="6">내용</th></tr>
<tr><td>훈련 목표</td><td colspan="6">도면을 보고 작업 공정을 설정하고 수동으로 윤곽과 구멍가공 공정에 대한 CNC 밀링(머시닝센터)가공 프로그램을 작성할 수 있다.</td></tr>
<tr><td>장비 · 재료</td><td colspan="6">• CNC 밀링(머시닝센터)
• 측정기류(버니어캘리퍼스, 마이크로미터)
• CNC 프로그램 전송장치
• 절삭공구(페이스커터, 엔드밀, 드릴 등)
• 공구 홀더
• 알루미늄(□70×70×20)
• 절삭유
• 윤활유</td></tr>
<tr><td>평가 시 고려사항</td><td colspan="6">• 절삭공구의 종류 및 특성
• 절삭 속도에 대한 지식
• 좌표계의 종류 및 특성
• 공구 길이, 위치, 지름에 대한 보정
• CNC 밀링(머시닝센터) 준비 기능과 보조 기능에 대한 지식
• 절삭 깊이에 대한 지식
• CNC 밀링(머시닝센터)가공 프로그램의 알람에 관한 지식
• 프로그램 조작기의 특성
• 절삭 조건 설정 기술
• 프로그램 편집 기술</td></tr>
<tr><td>주요 평가 영역</td><td>지식</td><td></td><td>기술</td><td>○</td><td>태도</td><td>○</td></tr>
</table>

A-2 평가 방법 및 문항 수 도출

능력단위	능력단위 요소	주요 평가 영역			능력단위 요소 연계성	문항 수	평가 방법
		지식 (지필)	기술·태도 (수행관찰)	기술 (산출물)			
CNC 밀링(머시닝센터)가공 프로그래밍	CNC 밀링(머시닝센터)가공 프로그램 작성 준비하기		√		.1 .2 .3	2	포트폴리오
	CNC 밀링(머시닝센터)가공 프로그램 작성하기			√	.1 .2 .3	2	포트폴리오
	CNC 밀링(머시닝센터)가공 프로그램 확인하기			√	.1 .2 .3	1	포트폴리오

A-3 능력단위 요소별 배점기준 도출

능력단위	능력단위 요소	훈련 필요성			합계 Ⓓ	배점 비중 (Ⓓ/Ⓔ)*100
		중요도 Ⓐ	난이도 Ⓑ	활용 빈도 Ⓒ		
		낮음 ↔ 보통 ↔ 높음 ① ② ③				
CNC 밀링(머시닝센터) 가공 프로그래밍	CNC 밀링(머시닝센터)가공 프로그램 작성 준비하기	1	2	1	4	20
	CNC 밀링(머시닝센터)가공 프로그램 작성하기	3	3	3	9	45
	CNC 밀링(머시닝센터)가공 프로그램 확인하기	2	3	2	7	35
계 Ⓔ		6	8	6	20	100

A-4 교수자용 평가 문항 개발

(1) 서술형 평가 문항

과정명	컴퓨터응용가공 산업기사	교과목명	CNC 밀링(머시닝센터)	능력단위	CNC 밀링(머시닝센터)가공 프로그래밍
능력단위 요소	CNC 밀링(머시닝센터)가공 프로그램 작성 준비하기 CNC 밀링(머시닝센터)가공 프로그램 작성하기 CNC 밀링(머시닝센터)가공 프로그램 확인하기	평가유형	포트폴리오 (서술형 평가)	문항 수	5
평가 시간	20분	배점	20점	평가자	(서명)

평가 문항 (수행 내용)

■ 다음 가공 도면

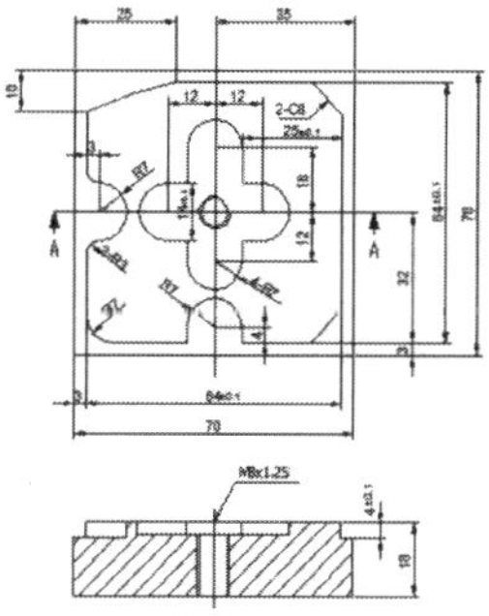

단면 A-A

■ 평가기준

구분	평가기준	배점	득점 1차	득점 2차
포토 폴리오평가	1. 4가지 모두 작성하면 4점, 3가지만 작성한 경우 3점, 2가지만 작성한 경우 2점, 1가지만 작성한 경우 1점으로 처리한다.	4		
	2. 공식, 회전수 모두 작성한 경우 4점, 회전수만 작성한 경우 3점, 공식만 작성한 경우 1점, 작성하지 목한 경우 0점으로 처리한다. (단, 풀이 과정 및 공식 유도 과정이 있어야 점수가 부여된다.)	4		
	3. 4가지 모두 작성하면 4점, 3가지만 작성한 경우 3점, 2가지만 작성한 경우 2점, 1가지만 작성한 경우 1점으로 처리한다.	4		
	4. 2가지 모두 작성한 경우 4점, 1가지만 적성한 경우 3점, 작성하지 못한 경우 0점으로 처리한다.	4		
	5. 작성 시 4점, 작성하지 못한 경우 0점으로 처리한다.	4		

■ 평가 시 유의사항

평가 시 유의사항 ②

1. 과제 평가 제한 시간은 20분으로 20분에서 2분 초과 시마다 1점 감점 5분 이상 초과 시 0점
2. 정확한 단어로 서술하고 오탈자인 경우 전체 문맥을 보고 판단하여 3개소마다 감점 1점
3. 기타 배점은 평가기준에 따라 적용

※ 감점 시 배점 이상은 적용하지 않는다.

평가문항
(수행내용)

■ 과제에서 제시한 내용을 요약하여 작성하시오.

[과제 1] 위의 도면에서 제시된 공작물을 가공하기 위하여 절삭공구를 선정하고자 한다. 알맞은 공구를 작성하시오.
(1. CNC 밀링(머시닝센터)가공 프로그램 작성 준비하기: 4점)

[정답]
센터드릴, Ø6.8드릴, M8탭, 엔드밀

[과제 2] 기계구조용강을 2날 초경엔드밀(직경 18mm)로 가공하려고 한다. 적절한 절삭 조건을 선정하기 위한 공식을 유도하고 회전수[rpm]를 작성하시오. (단, 절삭 속도는 최댓값으로 한다.)
[1. CNC 밀링(머시닝센터) 프로그램 작성 준비하기: 4점)

[정답]
공식: $V=\frac{\Pi DN}{1000}$ 식으로부터 $N=\frac{1000V}{\Pi D}$

$\frac{1000\times 50}{\Pi\times 18}\fallingdotseq 884rpm$

[과제 3] 기계 측의 보조 장치들을 제어하는 보조 기능이다. 기능에 알맞은 의미를 ( ) 안에 작성하시오. [2. CNC 밀링(머시닝센터) 프로그램 작성하기: 4점]

[정답]

기능	의 미
M00	프로그램 정지
M01	(선택적 프로그램 정지)
M02	프로그램 종료
M03	(주축 정회전)
M04	주축 역회전
M05	(주축 정지)

평가 문항 (수행 내용)

[과제 4] 사이클 종료 시 복귀점 위치인 초기점 복귀(G98)와 R점 복귀(G99)에 대해서 작성하시오.
[2. CNC 밀링(머시닝센터) 프로그램 작성하기: 4점]

[정답]
1. 초기점 복귀(G98): 사이클 동작이 끝날 때 초기점부터 복귀하는 것을 명령한다.
2. R점 복귀(G99): 사이클 동작이 끝날 때 R점까지의 복귀하는 것을 명령한다.

[과제 5] CNC 공작기계에서 기계는 이동하지 않고, 위치 표시만 기계가 움직이고 있는 것 같이 변경되는 것으로 프로그램으로 검증하는 기능을 작성하시오.
[3. CNC 밀링(머시닝센터) 프로그램 확인하기: 4점]

[정답]
머신락(Machine Lock)

(2) 작업형 평가 문항

과정명	컴퓨터응용가공 산업기사	교과목명	CNC 밀링 (머시닝센터)	능력단위	CNC 밀링(머시닝 센터)가공 프로그래밍
능력단위 요소	CNC밀링(머시닝센터)가공 프로그램 작성준비하기 CNC밀링(머시닝센터)가공 프로그램 작성하기 CNC밀링(머시닝센터)가공 프로그램 확인하기	평가유형	포트폴리오 (도면제시형)	문항수	1
평가 시간	1	배점	80점	평가자	(서명)

평가문항 (수행내용)

■ 다음 도면을 보고 프로그램을 작성하시오.

[요구사항]

1. 과제: MCT 프로그래밍
2. 작업 순서:
   가. 작성 준비
   - MCT 장비 선정하기
   - 도면 활용하여 작업 공정 및 공구 선정하기
   - 도면 활용하여 절삭 조건 설정하기

   나. 작성하기
   - 도면을 보고 G코드를 활용하여 프로그램 작성하기
   - 좌표계 지령 방식을 프로그램 원점을 기준으로 절대 지령 방식으로 프로그램한다.
   - 사용 공구 및 절삭 조건은 도면을 참고하여 작성한다.

   다. 확인하기
   - 프로그램이 완료되면 시뮬레이터에 입력하여 검증을 하고 오류 발생 시 수정한다.
3. 세부 요구사항:
   - 도면에 나와 있는 TAP 작업, 드릴 작업은 하지 마시오.
   - 작성한 프로그램과 검증된 경로 확인 결과를 캡처해서 제출한다.
   - 포트폴리오는 과제 제출 후 3일 이내로 작성하여 제출한다.

제시 도면(결과물)

■ 도면

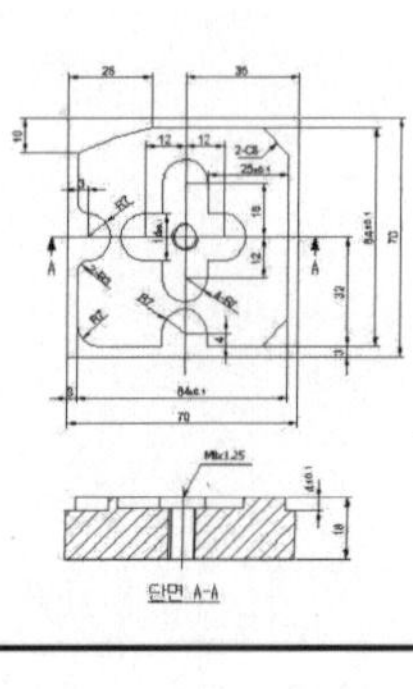

단면 A-A

작업 조건표

공구	구분	R.P.M	FEED
T01	ø10.0E/M	1000	90
T02	ø3.0CT/DR	1200	100
T03	ø6.8D/R	800	90
T04	M8X1.25	100	125

능력단위 요소	평가 요소	순번	평가 항목 (채점 항목)	배점 상	배점 중	배점 하	1차 평가	2차 평가	득점 1차	득점 2차
CNC밀링(머시닝센터) 가공 프로그램 작성준비하기	장비선정	1	장비 선정	3	2	1				
	작업공정	2	작업 공정	3	2	1				
	공구선정	3	공구 선정	3	2	1				
	절삭조건	4	절삭 조건 설정	3	2	1				
	소 계(12점)									
CNC 밀링(머시닝센터) 가공 프로그램 작성하기	평가 요소	순번	평가항목 (채점항목)	상	중	하	1차 평가	2차 평가	1차	2차
	NC 프로그램 기초	5	공구 보정 활용 능력	4	3	2				
		6	원점 복귀와 공작물 좌표계 설정 방법	4	3	2				
	절삭조건 설정	7	절삭 조건	4	3	2				
	프로그램 작성	8	G코드 활용 능력	5	3	2				
		9	종합 프로그램 작성	20	14	8				
	소 계(37점)									
CNC 밀링(머시닝센터) 가공 프로그램 확인하기	평가 요소	순번	평가 항목 (채점 항목)	상	중	하	1차 평가	2차 평가	1차	2차
	NC프로그램 입력	10	편집 능력	5	3	2				
		11	프로그램 입력	4	3	2				
	공구경로 확인	12	경로 확인	5	3	2				
		13	프로그램 오류 파악	4	3	2				
		14	프로그램 수정 능력	5	3	2				
	프로그램 수정	15	알람 확인 방법	4	3	2				
		16	알람 해제 조치 능력	4	3	2				
	소 계(31점)									
최종 점수										
평가자 의견 및 피드백									훈련생 확인	
									(서명)	

평가 문항 (수행 내용)

■ 수동 프로그램 작성 제출(G 코드)

```
%
O0001;

G17 G40 G49 G80;
G91 G28 Z0;
T01 M06;
G90 G0 G54 X35. Y35. M03 S1000;
G43 Z50. H1 M08;
G98 G81 Z-2. R3. F200;
G80 Z50.;
G91 G28 Z0;
M01;

T02 M06;
G90 G0 G54 X35. Y35. M03 S1000;
G43 Z50. H2 M08;
G98 G83 Z-25. R3.Q3. F200;
G80 Z50.;
G91 G28 Z0;
M01;

T03 M06;
G90 G00 G54 X35. Y35. M03 S100;
G43 Z50. H3 M08;
G98 G84 Z-25.R5. F125;
G80 Z50.;
G91 G28 Z0;
M01;
```

```
T04 M06;
G90 G0 G54 X-10. Y-10. M03 S1500;
G43 Z50. H4 M08;
Z5.;
G01 Z-4.F200;
X-3.;
Y35.;
X6.;
X-3.;
Y73.;
X73.;
Y-3.;
X35.;
Y7.;
Y-3.;
X-10.;
Y-10.;
G41 D04 X3.;
Y25.;
G02 X6.Y28.R3.;
G03 Y42. R7.;
G02 X3.Y45.R3.;
G01 Y60.;
X25.Y67.;
X59.;
X67.Y59.;
Y11.;
X59.Y3.;
X42.;
Y7.;
G03 X28. R7.;
G01 Y3.;
X10.;
G02 X3. Y10. R7.;
G01 X-10.;
G40 G1 Y0.;
G0 Z50.;
X35. Y35.;
Z2.;
G01 Z-3. F100;
G41 D04 Y28. F300;
X47.;
G03 Y42. R7.;
G01 X42.;
Y51.;
G03 X28. R7.;
G01 Y42.;
X23.;
G03 Y28. R7.;
G01 X28.;
Y23.;
G03 X42. R7.;
G01 Y35.;
G40 G1 X35.;
G00 Z50.;
G91 G28 Z0.;
G28 Y0.;
M30;
%
```

NCS 기반 평가도구 개발

A-5 평가 공개자료

(1) 서술형 평가 공개용

과정명	컴퓨터응용가공 산업기사	교과목명	CNC 밀링(머시닝센터)	능력단위	CNC 밀링(머시닝센터)가공 프로그래밍
능력단위 요소	CNC 밀링(머시닝센터)가공 프로그램 작성 준비하기 CNC 밀링(머시닝센터)가공 프로그램 작성하기 CNC 밀링(머시닝센터)가공 프로그램 확인하기	평가유형	포트폴리오 (서술형 평가)	문항 수	5
평가 시간	20분	배점	20점	평가자	(서명)

평가 문항 (수행 내용)

■ 다음 가공 도면

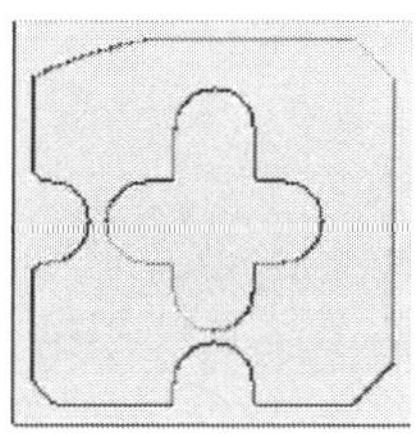

■ 평가기준

구분	평가기준	배점	득점 1차	득점 2차
포토 폴리오 평가	1. 4가지 모두 작성하면 4점, 3가지만 작성한 경우 3점, 2가지만 작성한 경우 2점, 1가지만 작성한 경우 1점으로 처리한다.	4		
	2. 공식, 회전수 모두 작성한 경우 4점, 회전수만 작성한 경우 3점, 공식만 작성한 경우 1점, 작성하지 못한 경우 0점으로 처리한다. (단, 풀이 과정 및 공식 유도 과정이 있어야 점수가 부여된다.)	4		
	3. 4가지 모두 작성하면 4점, 3가지만 작성한 경우 3점, 2가지만 작성한 경우 2점, 1가지만 작성한 경우 1점으로 처리한다.	4		
	4. 2가지 모두 작성한 경우 4점, 1가지만 적성한 경우 3점, 작성하지 못한 경우 0점으로 처리한다.	4		
	5. 작성 시 4점, 작성하지 못한 경우 0점으로 처리한다.	4		

■ 평가 시 유의사항

평가 시 유의사항 ②
1. 과제 평가 제한 시간은 20분으로 20분에서 2분 초과 시마다 1점 감점 5분 이상 초과 시 0점 2. 정확한 단어로 서술하고 오탈자인 경우 전체 문맥을 보고 판단하여 3개소마다 감점 1점 3. 기타 배점은 평가기준에 따라 적용 ※ 감점 시 배점 이상은 적용하지 않는다.

(2) 작업형 평가 문항

과정명	컴퓨터응용가공 산업기사	교과목명	CNC 밀링 (머시닝센터)	능력단위	CNC 밀링(머시닝센터)가공 프로그래밍
능력단위 요소	CNC 밀링(머시닝센터)가공 프로그램 작성 준비하기 CNC 밀링(머시닝센터)가공 프로그램 작성하기 CNC 밀링(머시닝센터)가공 프로그램 확인하기	평가유형	포트폴리오 (도면 제시형)	문항 수	1
평가시간	1	배점	80점	평가자	(서명)
평가문항 (수행내용)	■ 다음 도면을 보고 프로그램을 작성하시오. [요구사항] 1. 과제 : MCT 프로그래밍 2. 작업 순서: 가. 작성 준비 - MCT 장비 선정하기 - 도면 활용하여 작업 공정 및 공구 선정하기 - 도면 활용하여 절삭 조건 설정하기 나. 작성하기 - 도면을 보고 G코드를 활용하여 프로그램 작성하기 - 좌표계 지령 방식을 프로그램 원점을 기준으로 절대 지령 방식으로 프로그램한다. - 사용 공구 및 절삭 조건은 도면을 참고하여 작성한다. 다. 확인하기 - 프로그램이 완료되면 시뮬레이터에 입력하여 검증을 하고 오류 발생 시 수정한다. 3. 세부 요구사항: - 도면에 나와 있는 TAP 작업, 드릴 작업은 하지 마시오. - 작성한 프로그램과 검증된 경로확인 결과를 캡처해서 제출한다. - 포트폴리오는 과제 제출 후 3일 이내로 작성하여 제출한다. **제시 도면(결과물)** ■ 도면 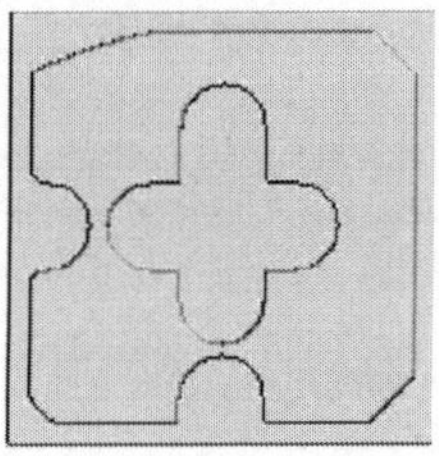				

주요 평가 항목 및 배점

단원(능력단위 요소)	평가 요소	배점
CNC 밀링(머시닝센터)가공 프로그램 작성 준비하기	작업 공구 선정, 절삭 조건 설정 및 준비	12
CNC 밀링(머시닝센터)가공 프로그램 작성하기	NC 프로그램 기초, NC 프로그램 작성	37
CNC 밀링(머시닝센터)가공 프로그램 확인하기	NC 프로그램 입력 및 검증	31
계		80점

A-6 내부평가 시험지

(1) 서술형 평가 시험지

과정명	컴퓨터응용가공 산업기사	교과목명	CNC 밀링(머시닝센터)	능력단위	CNC 밀링(머시닝센터)가공 프로그래밍
능력단위 요소	CNC 밀링(머시닝센터)가공 프로그램 작성 준비하기 CNC 밀링(머시닝센터)가공 프로그램 작성하기 CNC 밀링(머시닝센터)가공 프로그램 확인하기	평가유형	포트폴리오 (서술형 평가)	문항 수	5
평가 시간	20분	배점	20점	평가자	(서명)

평가 문항 (수행 내용)

■ 다음 가공 도면

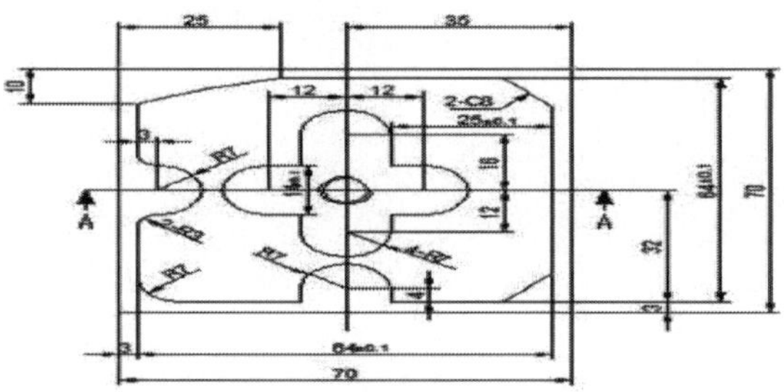

■ 평가기준

구분	평가기준	배점	득점	
			1차	2차
포토 폴리오평가	1. 4가지 모두 작성하면 4점, 3가지만 작성한 경우 3점, 2가지만 작성한 경우 2점, 1가지만 작성한 경우 1점으로 처리한다.	4		
	2. 공식, 회전수 모두 작성한 경우 4점, 회전수만 작성한 경우 3점, 공식만 작성한 경우 1점, 작성하지 못한 경우 0점으로 처리한다. (단, 풀이 과정 및 공식 유도 과정이 있어야 점수가 부여된다.)	4		
	3. 4가지 모두 작성하면 4점, 3가지만 작성한 경우 3점, 2가지만 작성한 경우 2점, 1가지만 작성한 경우 1점으로 처리한다.	4		
	4. 2가지 모두 작성한 경우 4점, 1가지만 적성한 경우 3점, 작성하지 못한 경우 0점으로 처리한다.	4		
	5. 작성 시 4점, 작성하지 못한 경우 0점으로 처리한다.	4		

■ 평가 시 유의사항

평가 시 유의사항 ②
1. 과제 평가 제한 시간은 20분으로 20분에서 2분 초과 시마다 1점 감점 5분 이상 초과 시 0점 2. 정확한 단어로 서술하고 오탈자인 경우 전체 문맥을 보고 판단하여 3개소마다 감점 1점 3. 기타 배점은 평가기준에 따라 적용 ※ 감점 시 배점 이상은 적용하지 않는다.

평가 문항 (수행 내용)

■ 과제에서 제시한 내용을 요약하여 작성하시오.

[과제 1] 위의 도면에서 제시된 공작물을 가공하기 위하여 공구를 선정하고자 한다. 알맞은 공구를 작성하시오.
(1. CNC 밀링(머시닝센터) 프로그램 작성 준비하기: 4점)

[정답]

[과제 2] 기계구조용 강을 2날 초경 엔드밀(직경 18mm)로 가공하려고 한다. 적절한 절삭 조건을 선정하기 위한 공식을 유도하고 회전수[rpm]를 작성하시오. (단, 절삭 속도는 최댓값으로 한다.)
[1. CNC 밀링(머시닝센터) 프로그램 작성 준비하기: 4점]

[정답]

[과제 3] 기계 측의 보조 장치들을 제어하는 보조 기능이다. 기능에 알맞은 의미를 ( ) 안에 작성하시오. [2. CNC 밀링(머시닝센터) 프로그램 작성하기: 4점]

[정답]

기능	의 미
M00	프로그램 정지
M01	( )
M02	프로그램 종료
M03	( )
M04	주축 역회전
M05	( )

평가 문항 (수행 내용)	[과제 4] 사이클 종료 시 복귀점 위치인 초기점 복귀(G98)와 R점 복귀(G99)에 대해서 작성하시오. [2. CNC밀링(머시닝센터) 프로그램 작성하기: 4점] [정답] [과제 5] CNC 공작기계에서 기계는 이동하지 않고, 위치 표시만 기계가 움직이고 있는 것 같이 변경되는 것으로 프로그램으로 검증하는 기능을 작성하시오. [3. CNC 밀링(머시닝센터) 프로그램 확인하기: 4점] [정답]

(2) 작업형 평가 시험지

<table>
<tr><td>과정명</td><td>컴퓨터응용가공 산업기사</td><td>교과목명</td><td>CNC 밀링
(머시닝센터)</td><td>능력단위</td><td>CNC 밀링(머시닝센터)가공 프로그래밍</td></tr>
<tr><td rowspan="3">능력단위 요소</td><td>CNC 밀링(머시닝센터)가공 프로그램 작성 준비하기</td><td rowspan="3">평가 유형</td><td rowspan="3">포트폴리오
(도면 제시형)</td><td rowspan="3">문항 수</td><td rowspan="3">1</td></tr>
<tr><td>CNC 밀링(머시닝센터)가공 프로그램 작성하기</td></tr>
<tr><td>CNC 밀링(머시닝센터)가공 프로그램 확인하기</td></tr>
<tr><td>평가 시간</td><td>1</td><td>배점</td><td>80점</td><td>평가자</td><td>(서명)</td></tr>
</table>

평가문항 (수행내용)

■ 다음 도면을 보고 프로그램을 작성하시오.

[요구사항]

1. 과제: MCT 프로그래밍
2. 작업 순서:
   가. 작성 준비
   - MCT 장비 선정하기
   - 도면 활용하여 작업 공정 및 공구 선정하기
   - 도면 활용하여 절삭 조건 설정하기

   나. 작성하기
   - 도면을 보고 G코드를 활용하여 프로그램 작성하기
   - 좌표계 지령 방식을 프로그램 원점을 기준으로 절대 지령 방식으로 프로그램한다.
   - 사용 공구 및 절삭 조건은 도면을 참고하여 작성한다.

   다. 확인하기
   - 프로그램이 완료되면 시뮬레이터에 입력하여 검증을 하고 오류 발생 시 수정한다.
3. 세부 요구사항:
   - 도면에 나와 있는 TAP 작업, 드릴 작업은 하지 마시오.
   - 작성한 프로그램과 검증된 경로 확인 결과를 캡처해서 제출한다.
   - 포트폴리오는 과제 제출 후 3일 이내로 작성하여 제출한다.

제시 도면(결과물)

■ 도면

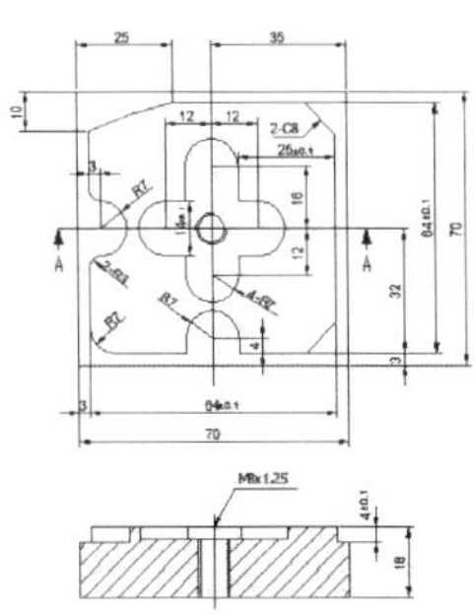

작업 조건표

공구	구분	R.P.M	FEED
T01	ϕ10.0E/M	1000	90
T02	ϕ3.0CT/DR	1200	100
T03	ϕ6.8D/R	800	90
T04	M8X1.25	100	125

| 평가 문항
(수행 내용) | ■ 수동 프로그램 작성 제출(G 코드)

%
O0001;

G17 G40 G49 G80;
G91 G28 Z0;
T01 M06;
G90 G0 G54 X35. Y
M01;

T02 M06;
G90 G0 G54 X35. Y35. M03 S1000;
G43 Z50. H2 M08;
G98 G83 Z-25. R3.Q3. F200;
G80 Z50.;
G91 G28 Z0;
M01;

T03 M06;
G90 G00 G54 X35. Y35. M03 S100;
G43 Z50. H3 M08;
G98 G84 Z-25.R5. F125;
G80 Z50.;
G91 G28 Z0;
M01;

T04 M06;
G90 G0 G54 X-10. Y-10. M03 S1500;
G43 Z50. H4 M08;
Z5
X73.;
Y-3.;
Y-3.;
X-10.;
Y-10.; | G41 D04 X3.;
Y25.;
G02 X6.Y28.R3.;
G03 Y42. R7.;
G02 X3.Y45.R3.;
G019.Y3.;
X42.;
Y7.;
G03 X283. Y10. R7.;
G01 X-10.;
G40 G1 Y0.;
G0 Z50.; ....포켓 가공 프로그램
X35. Y35.;
Z2.;
G01 Z-3. F100;
G41 D04 Y28. F300;
X47.;
G03 Y42. R7.;
G01 X42.;
Y51.;
G03 X28. R7.;
G01 Y42.;
X23.;
G03 Y28. R7.;
G01 X28.;
Y23.;
G03 X42. R7.;
G01 Y35.;
G40 G1 X35.;
G00 Z50.;
G91 G28 Z0.;
G28 Y0.;
M30;
% |

A-7 과제 평가표

능력단위 요소	평가 요소	순번	평가 항목 (채점 항목)	배점 상	배점 중	배점 하	1차 평가	2차 평가	득점 1차	득점 2차
CNC 밀링(머시닝 센터)가공 프로그램 작성 준비하기	장비 선정	1	장비 선정	3	2	1				
	작업 공정	2	작업 공정	3	2	1				
	공구 선정	3	공구 선정	3	2	1				
	절삭 조건	4	절삭 조건 설정	3	2	1				
	소 계(12점)									
CNC 밀링(머시닝 센터)가공 프로그램 작성하기	평가 요소	순번	평가 항목 (채점 항목)	상	중	하	1차 평가	2차 평가	1차	2차
	NC 프로그램 기초	5	공구 보정 활용 능력	4	3	2				
		6	원점 복귀와 공작물 좌표계 설정 방법	4	3	2				
	절삭 조건 설정	7	절삭 조건	4	3	2				
	프로그램 작성	8	G코드 활용 능력	5	3	2				
		9	종합 프로그램 작성	20	6	3				
	소 계(37점)									
CNC 밀링(머시닝 센터)가공 프로그램 확인하기	평가 요소	순번	평가 항목 (채점 항목)	상	중	하	1차 평가	2차 평가	1차	2차
	NC프로그램 입력	10	편집 능력	5	3	2				
		11	프로그램 입력	4	3	2				
	공구 경로 확인	12	경로 확인	5	3	2				
		13	프로그램 오류 파악	4	3	2				
		14	프로그램 수정 능력	5	3	2				
	프로그램 수정	15	알람 확인 방법	4	3	2				
		16	알람 해제 조치 능력	4	3	2				
	소 계(31점)									
최종 점수										
평가자 의견 및 피드백									훈련생 확인 (서명)	

A-8 평가도구 채점표

과정명	컴퓨터응용가공 산업기사	교과목명		CNC 밀링(머시닝센터)	능력단위	CNC 밀링(머시닝센터) 가공 프로그래밍
능력단위 요소	CNC 밀링(머시닝센터) 가공 프로그램 작성 준비하기 CNC 밀링(머시닝센터) 가공 프로그램 작성하기 CNC 밀링(머시닝센터) 가공 프로그램 확인하기	평가 유형		포트폴리오	평가자	(서명)
평가 시간	1시간 20분	평가 일시	1차			
			2차			

평가 차수	번호	배점 / 성명	1	2	3	4	5	1	2	3	4	5	6	7	8	9	10	11	12	13	14	15	16	총점 (100)	성취 수준	Pass / Fail	훈련생 확인
			4 3 2 1	4 3 2 1	4 3 1	4 3 2 1	4 0	3 2 1	3 2 1	3 2 1	3 2 1	4 3 2	4 3 2	4 3 2	5 3 2	20 14 8	5 3 2	4 3 2	5 3 2	3 2 1	5 3 2	4 3 2	4 3 2				
1차 평가	1																										
	:																										
	:																										
	재평가 대상자																										

평가차수	번호	배점 / 성명	1	2	3	4	5	1	2	3	4	5	6	7	8	9	10	11	12	13	14	15	16	총점 (100)	성취 수준	Pass / Fail	훈련생 확인
			4 3 2 1	4 3 2 1	4 3 1	4 3 2 1	4 0	3 2 1	3 2 1	3 2 1	3 2 1	4 3 2	4 3 2	4 3 2	5 3 2	20 14 8	5 3 2	4 3 2	5 3 2	3 2 1	5 3 2	4 3 2	4 3 2				
2차 평가	1																										
	:																										
	:																										

A-9 평가자 의견 및 피드백

과정명	컴퓨터응용가공 산업기사	교과목명	CNC 밀링(머시닝센터)	능력단위	CNC 밀링(머시닝센터)가공 프로그래밍
능력단위 요소	CNC 밀링(머시닝센터)가공 프로그램 작성 준비하기	평가 유형	포트폴리오	평가자	(서명)
	CNC 밀링(머시닝센터)가공 프로그램 작성하기				
	CNC 밀링(머시닝센터)가공 프로그램 확인하기				
평가 시간	1시간 20분	평가 일시			

번호	성명	평가자 의견 및 피드백 내용	훈련생 확인
1			(서명)
2			
3			
4			
5			
:			
:			
:			
:			
:			

A-10 평가 증빙자료

<table>
<tr><td>과정명</td><td>컴퓨터응용가공 산업기사</td><td>교과목명</td><td colspan="2">CNC 밀링(머시닝센터)</td><td>능력단위</td><td>CNC 밀링(머시닝센터)가공 프로그래밍</td></tr>
<tr><td rowspan="3">능력단위 요소</td><td>CNC 밀링(머시닝센터)가공 프로그램 작성 준비하기</td><td rowspan="3">평가 유형</td><td colspan="2" rowspan="3">포트폴리오</td><td rowspan="5">평가자</td><td rowspan="5">(서명)</td></tr>
<tr><td>CNC 밀링(머시닝센터)가공 프로그램 작성하기</td></tr>
<tr><td>CNC 밀링(머시닝센터)가공 프로그램 확인하기</td></tr>
<tr><td rowspan="2">평가 시간</td><td rowspan="2">1시간 20분</td><td rowspan="2">평가 일시</td><td>1차</td><td></td></tr>
<tr><td>2차</td><td></td></tr>
<tr><td colspan="7">사진</td></tr>
<tr><td colspan="7">1차 평가</td></tr>
<tr><td colspan="7"></td></tr>
</table>

A-11 능력단위 성적표

<table>
<tr><td>과정명</td><td>컴퓨터응용가공 산업기사</td><td>교과목명</td><td colspan="3">CNC 밀링(머시닝센터)</td><td>능력단위</td><td colspan="2">CNC 밀링(머시닝센터)가공 프로그래밍</td></tr>
<tr><td rowspan="3">능력단위 요소</td><td>CNC 밀링(머시닝센터)가공 프로그램 작성 준비하기</td><td rowspan="3">평가유형</td><td colspan="3" rowspan="3">포트폴리오</td><td rowspan="5">평가자</td><td colspan="2" rowspan="5">(서명)</td></tr>
<tr><td>CNC 밀링(머시닝센터)가공 프로그램 작성하기</td></tr>
<tr><td>CNC 밀링(머시닝센터)가공 프로그램 확인하기</td></tr>
<tr><td rowspan="2">평가 시간</td><td rowspan="2">1시간 20분</td><td rowspan="2">평가 일시</td><td>1차</td><td colspan="2"></td></tr>
<tr><td>2차</td><td colspan="2"></td></tr>
<tr><td rowspan="2">번호</td><td rowspan="2">성명</td><td colspan="2">능력단위 점수</td><td colspan="2">성취 수준</td><td></td><td colspan="2">Pass / Fail</td></tr>
<tr><td>1차</td><td>2차</td><td>1차</td><td>2차</td><td></td><td>1차</td><td>2차</td></tr>
<tr><td>1</td><td></td><td></td><td></td><td></td><td></td><td></td><td></td><td></td></tr>
<tr><td>:</td><td></td><td></td><td></td><td></td><td></td><td></td><td></td><td></td></tr>
<tr><td>:</td><td></td><td></td><td></td><td></td><td></td><td></td><td></td><td></td></tr>
</table>

A-12 능력단위 수행평가서

<table>
<tr><td rowspan="2">학습자 명:</td><td rowspan="2">평가자 명 :
(서명)</td><td colspan="3">평 가 일 시</td></tr>
<tr><td>1차</td><td>년 월 일</td><td></td></tr>
<tr><td rowspan="2">교과목명: CNC 밀링</td><td rowspan="2">1502010406_18v5
CNC 밀링(머시닝센터) 가공 프로그래밍</td><td>2차</td><td>년 월 일</td><td></td></tr>
<tr><td>3차</td><td>년 월 일</td><td></td></tr>
<tr><td colspan="2" rowspan="8">평가 방법:
본 평가는 단계별 자기평가의 학습 과정이 완료된 학습자에 대하여 평가를 합니다.
학습을 위한 준비에서부터 실습의 완료 후 동작 확인까지 아래 사항의 수행기준에 근거하여 학습자를 평가하여야 합니다.
(본 능력단위의 평가 방법 등을 안내하여 학습자로 하여금 학습 준비를 할 수 있도록 함)</td><td colspan="3">전체 평가(고정 내용으로서 임의 변경 불가)</td></tr>
<tr><td>성취 수준</td><td colspan="2">수행 정도</td></tr>
<tr><td></td><td colspan="2">5. 해당 지식과 기술을 확실하게 습득하여 직무수행에 필요한 기술적 사고력과 문제해결력을 토대로 주도적으로 완벽한 작업을 수행할 수 있다.</td></tr>
<tr><td></td><td colspan="2">4. 해당 지식과 기술을 습득하여 직무수행에 필요한 기술적 사고력과 문제해결력을 토대로 작업을 수행할 수 있다.</td></tr>
<tr><td></td><td colspan="2">3. 해당 지식과 기술을 대부분 습득하여 직무수행에 필요한 지식과 기술을 가지고 대부분의 작업을 수행할 수 있다.</td></tr>
<tr><td></td><td colspan="2">2. 해당 지식과 기술을 부분적으로 습득하여 직무수행에 필요한 지식과 기술을 가지고 타인과 공동으로 작업을 수행할 수 있다.</td></tr>
<tr><td></td><td colspan="2">1. 해당 지식과 기술을 습득하는 데 부족함이 있어 타인의 도움을 받아야만 작업을 수행할 수 있다.</td></tr>
<tr><td colspan="3">평가자는 학습자의 달성 정도를 성취 수준에 표시한다.</td></tr>
</table>

평가 영역(단원명)	수 행 준 거	예	아니오
1502010406_18v5.1 CNC 밀링(머시닝센터) 조작 준비하기	1.1 CNC 밀링(머시닝센터) 장비의 취급 설명서를 숙지하고 장비를 조작할 수 있다.		
	1.2 CNC 밀링(머시닝센터) 장비의 안전운전 준수사항을 숙지하고 안전하게 장비를 조작할 수 있다.		
	1.3 소재를 바이스에 정확하게 고정할 수 있다.		
	1.4 작업 공정 순으로 절삭 공구를 설치할 수 있다.		
	1.5 CNC 밀링(머시닝센터) 장비의 유지보수 설명서를 숙지하고 장비를 유지 관리할 수 있다		
	1.6 CNC 밀링(머시닝센터) 컨트롤러의 주요 알람 메시지에 관한 정보를 이해할 수 있다.		
1502010406_18v5.2 CNC 밀링(머시닝센터) 조작하기	2.1 공작물 좌표계 설정을 할 수 있다.		
	2.2 작업 공정에서 선정된 공구의 공구 보정(Tool offset)을 할 수 있다.		
	2.3 CNC 프로그램을 수동으로 입력하거나 전송 매체를 이용하여 CNC 밀링(머시닝센터)에서 안전하게 시제품을 가공할 수 있다.		
	2.4 가공 부품을 확인하고 공작물 좌표계 보정량 및 공구 보정량을 수정할 수 있다.		
	2.5 생산성을 높이기 위하여 절삭 조건 수정 및 프로그램을 수정할 수 있다.		
1502010207_16v4.3 검사 · 수정하기	3.1 부품의 형상과 측정 위치 공차 범위를 고려하여 측정기를 선정할 수 있다.		
	3.2 도면 사양에 일치하게 부품을 제작하고 측정기 사용법을 준수하여 측정 및 검사를 할 수 있다.		
	3.3 불량 발생 시 원인을 규명하고 수정할 수 있다.		
	3.4 부품의 검사기준을 정하고 검사 성적서를 작성하여 보고할 수 있다.		

7. CNC 밀링(머시닝센터)가공 CAM 프로그래밍

NCS 기반 평가도구 개발

[CNC 밀링(머시닝센터) 가공 CAM 프로그래밍(1502010408_18v5)]

- 제 출 일 : ______________________
- 소　　속 : ______________________
- 교과목명 : ______________________
- 개 발 자 : ______________________

【능력단위명: CNC 밀링(머시닝센터)가공 CAM 프로그래밍】

대분류	중분류	소분류	세분류
15. 기계	02. 기계가공	01. 절삭가공	02. CAM가공

A-1 능력단위 주요 평가영역 도출

구분	내용					
훈련 목표	CAM 프로그래밍이란 도면을 보고 작업 공정을 설정하고 CAM 시스템에서 CNC 밀링(머시닝센터)가공 프로그램을 작성할 수 있다.					
장비 · 재료	• 컴퓨터 • 해당 CAM 프로그램 • 프린터 토너					
평가 시 고려사항	• CNC 밀링(머시닝센터) 사양에 관한 지식 • 절삭 공구의 종류 및 특성 • 금속 재료의 종류 및 특성 • 절삭 조건에 대한 지식 · 설정 기술 • 좌표계의 종류 및 특성 • 공구 보정에 대한 지식 • CNC 밀링(머시닝센터) G코드 등에 대한 지식 • CNC 밀링(머시닝센터)가공 프로그램 보조기능에 대한 지식 • 공구 형상과 가공 형상에 대한 지식 • CAD/CAM 시스템 활용 기술 • 가공 프로그램 편집 기술					
주요 평가 영역	지식		기술	○	태도	○

A-2 평가 방법 및 문항 수 도출

능력단위	능력단위 요소	주요 평가 영역 지식 (지필)	기술·태도 (수행관찰)	기술 (산출물)	능력단위 요소 연계성	문항 수	평가 방법
CNC 밀링(머시닝센터)가공 CAM 프로그래밍	CNC 밀링(머시닝센터)가공 CAM 프로그램 작성 준비하기		√		.1 .2 .3	3	포트폴리오 (도면 제시형)
	1502010408_18v5.2 CNC 밀링(머시닝센터)가공 CAM 프로그램 작성하기			√	.1 .2 .3		
	CNC 밀링(머시닝센터)가공 CAM 프로그램 확인하기			√	.1 .2 .3		

A-3 능력단위 요소별 배점기준 도출

능력단위	능력단위 요소	훈련 필요성 중요도 Ⓐ	난이도 Ⓑ	활용 빈도 Ⓒ	합계 Ⓓ	배점 비중 (Ⓓ/Ⓔ)*100
		낮음 ↔ 보통 ↔ 높음 ① ② ③				
CNC 밀링(머시닝센터) 가공 CAM 프로그래밍	CNC 밀링(머시닝센터)가공 CAM 프로그램 작성 준비하기	1	1	1	3	15
	1502010408_18v5.2 CNC 밀링(머시닝센터)가공 CAM 프로그램 작성하기	3	3	3	9	45
	CNC 밀링(머시닝센터)가공 CAM 프로그램 확인하기	2	2	2	6	35
계 Ⓔ		6	8	6	20	100

A-4 교수자용 평가 문항 개발

<table>
<tr><td>과정명</td><td>컴퓨터응용가공 산업기사</td><td>교과목명</td><td>CAM</td><td>능력단위</td><td>CNC 밀링(머시닝센터)가공 CAM 프로그래밍</td></tr>
<tr><td rowspan="3">능력단위 요소</td><td>CNC 밀링(머시닝센터)가공 CAM 프로그램 작성 준비하기</td><td rowspan="3">평가유형</td><td rowspan="3">포트폴리오
(도면 제시형)</td><td rowspan="3">문항 수</td><td rowspan="3">3</td></tr>
<tr><td>CNC 밀링(머시닝센터)가공 CAM 프로그램 작성하기</td></tr>
<tr><td>CNC 밀링(머시닝센터)가공 CAM 프로그램 확인하기</td></tr>
<tr><td>평가 시간</td><td>60분</td><td>배점</td><td>100점</td><td>평가자</td><td>(서명)</td></tr>
<tr><td>평가 문항
(수행 내용)</td><td colspan="5">■ 다음 도면을 보고 CAM 작업 준비하기와 CAM 작업 후 프로그램을 확인하시오.
[요구사항]
※ 지급된 도면과 장비를 사용하여 아래 작업을 완성하시오.
1. 주어진 도면을 이용하여 2D 도면을 작성하시오.
2. 완성된 도면을 이용하여 가공 지시서(공구 및 가공 순서)를 기준으로 가공 공정 계획서를 완성하시오.
3. 주어진 작업 절차(1-5)에 따라 가공 데이터를 생성하고, 각 작업 절차별 툴패스(CL-DATA) 이미지와 모의 가공된 이미지를 각각 출력하여 제출하시오.
※ 각 절차의 모의 가공된 이미지는 이전의 모든 절차가 연속 진행된 모의 가공 이미지로 제출하시오.
4. 작업 절차별 각각의 이미지를 출력할 때에는 좌측 상단에 이름과 작업 공정명을 기입하여 제출하시오.
5. 가공 원점을 기준으로 NC data를 생성하고 NC data는 반드시 각각의 가공 데이터를 "★.NC" 파일로 저장하여 제출하시오.
[내부평가자 유의사항]
※ 다음 유의사항을 고려하여 요구사항을 완성하시오.
○ 시험이 종료되면 작업을 즉시 멈추어야 합니다.
○ 과제 또는 요구 사항별 각 작업에 대한 시험 시간을 초과한 경우(작업이 완료되지 않은 경우) 완성된 부분까지만 채점한다.
○ 정전 및 비상사태에 대비하여 모든 데이터는 10분에 1회 이상 저장하도록 한다.
○ 다음 각 항에 해당하는 경우에는 해당 과제는 0점으로 처리합니다.
- "모델링 및 CAM 작업" 과제와 같이 요구사항을 연속적으로 수행하는 경우 선행 작업이 완료되지 않으면 후속 작업에 대한 배점은 모두 0점으로 처리됩니다.
- 요구사항을 이해하지 못하여 작업이 불가능한 경우
- 평가의 모든 과제에 응시하지 않은 경우
- 평가자 간 대화를 하는 경우
- 시험 중 지급된 이동디스크 외에 타 이동식 디스크 저장하는 경우
- 작업이 극히 미숙하여 해당 과제를 수행하지 못하는 경우</td></tr>
</table>

평가 문항 (수행 내용)

■ CNC 밀링(머시닝센터)가공 CAM 프로그램 작성용 도면

도면 2(CAM 작업용)

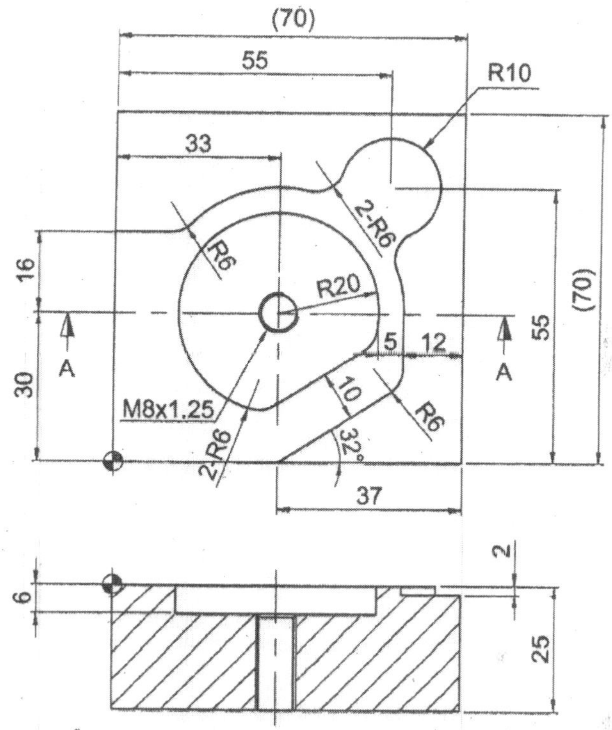

단면 A-A

[주서]
도시되고 지시 없는 모따기 C5

소재	70×70×25t		안전높이		Z축 원점에서 100mm 높은 곳	
공구 번호	공구 조건		절삭 조건			비 고
	종류	직경	회전수 (rpm)	이송 (mm/min)	절입량 (mm)	
T01	평E/M	Ø10	1500	150	2	
T02	드릴	Ø6.8	1200	100	3	
T03	TAP	M8×1.25	600	750	3	

평가 문항
(수행 내용)

1. 가공 공정 계획서 작성 제출

○ 제시한 도면을 가공할 수 있는 가공 공정 계획표를 완성하시오.--(15점)

번호	작업 공정 순서	공구번호	공구명	크기 (mm)	비 고
1					
2					
3					
4					

○ 제시 도면

도면 2(CAM 작업용)

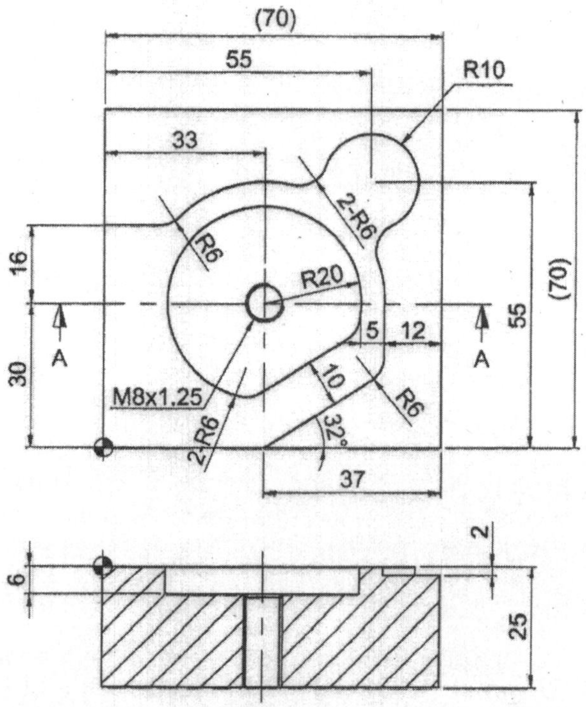

NCS 기반 평가도구 개발

평가 문항 (수행 내용)	2. NC 코드 생성하여 제출- (45점) ○ CNC 밀링 CAM 가공을 위한 NC 코드를 생성하여 제출하시오. [정답]

평가 문항 (수행 내용)	3. CNC 밀링(머시닝센터 CAM 가공 프로그램 검증하여 제출) (35점) ○ CNC 밀링(머시닝센터) CAM 가공을 위한 NC 코드를 모의 가공한 화면을 캡처하여 제출하시오. [정답]

A-5 평가 공개자료

<table>
<tr><td>과정명</td><td>컴퓨터응용가공 산업기사</td><td>교과목명</td><td>CAM</td><td>능력단위</td><td>CNC 밀링(머시닝센터) 가공 CAM 프로그래밍</td></tr>
<tr><td rowspan="3">능력단위 요소</td><td>CNC 밀링(머시닝센터)가공 CAM 프로그램 작성 준비하기</td><td rowspan="3">평가유형</td><td rowspan="3">포트폴리오
(도면 제시형)</td><td rowspan="3">문항 수</td><td rowspan="3">3</td></tr>
<tr><td>CNC 밀링(머시닝센터)가공 CAM 프로그램 작성하기</td></tr>
<tr><td>CNC 밀링(머시닝센터)가공 CAM 프로그램 확인하기</td></tr>
<tr><td>평가 시간</td><td>60분</td><td>배점</td><td>100점</td><td>평가자</td><td>(서명)</td></tr>
<tr><td>평가 문항
(수행 내용)</td><td colspan="5">■ 다음 도면을 보고 CAM 작업 준비하기와 CAM 작업 후 프로그램을 확인하시오.
[요구사항]
※ 지급된 도면과 장비를 사용하여 아래 작업을 완성하시오.
1. 주어진 도면을 이용하여 2D 도면을 작성하시오.
2. 완성된 도면을 이용하여 가공 지시서(공구 및 가공 순서)를 기준으로 가공 공정 계획서를 완성하시오.
3. 주어진 작업 절차(1-5)에 따라 가공 데이터를 생성하고, 각 작업 절차별 툴패스(CL-DATA) 이미지와 모의 가공된 이미지를 각각 출력하여 제출하시오.
※ 각 절차의 모의 가공된 이미지는 이전의 모든 절차가 연속 진행된 모의 가공 이미지로 제출하시오.
4. 작업 절차별 각각의 이미지를 출력할 때에는 좌측 상단에 이름과 작업 공정명을 기입하여 제출하시오.
5. 가공 원점을 기준으로 NC data를 생성하고 NC data는 반드시 각각의 가공 데이터를 "★.NC" 파일로 저장하여 제출하시오.
[내부평가자 유의사항]
※ 다음 유의사항을 고려하여 요구사항을 완성하시오.
○ 시험이 종료되면 작업을 즉시 멈추어야 합니다.
○ 과제 또는 요구사항별 각 작업에 대한 시험 시간을 초과한 경우(작업이 완료되지 않은 경우) 완성된 부분까지만 채점한다.
○ 정전 및 비상사태에 대비하여 모든 데이터는 10분에 1회 이상 저장하도록 한다.
○ 다음 각 항에 해당하는 경우에는 해당 과제는 0점으로 처리합니다.
- "모델링 및 CAM 작업" 과제와 같이 요구사항을 연속적으로 수행하는 경우 선행 작업이 완료되지 않으면 후속 작업에 대한 배점은 모두 0점으로 처리됩니다.
- 요구사항을 이해하지 못하여 작업이 불가능한 경우
- 평가의 모든 과제에 응시하지 않은 경우
- 평가자 간 대화를 하는 경우
- 시험 중 지급된 이동디스크 외에 타 이동식 디스크 저장하는 경우
- 작업이 극히 미숙하여 해당 과제를 수행하지 못하는 경우</td></tr>
</table>

평가 문항 (수행 내용)

■ CNC 밀링(머시닝센터)가공 CAM 프로그램 작성용 도면

도면 2(CAM 작업용)

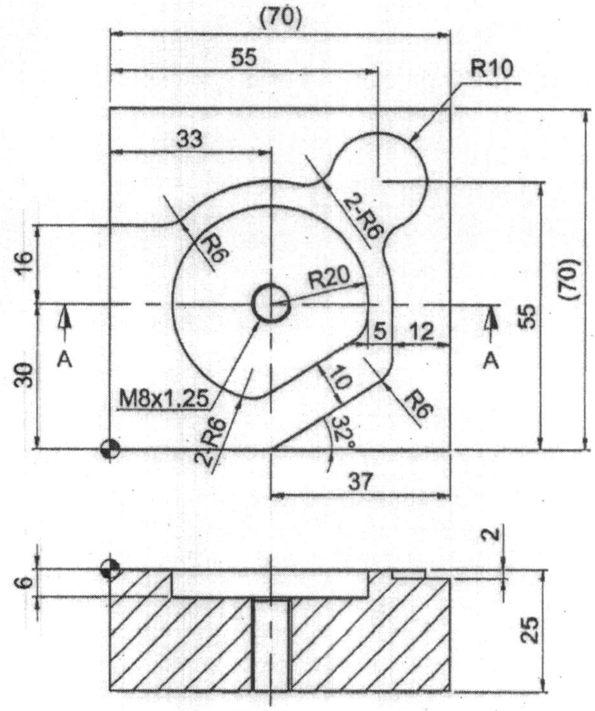

단면 A-A

[주서]

도시되고 지시 없는 모따기 C5

소재	70×70×25t		안전높이		Z축 원점에서 100mm 높은 곳	
공구 번호	공구 조건		절삭 조건			비 고
	종류	직경	회전수 (rpm)	이송 (mm/min)	절입량 (mm)	
T01	평E/M	Ø10	1500	150	2	
T02	드릴	Ø6.8	1200	100	3	
T03	TAP	M8×1.25	600	750	3	

NCS 기반 평가도구 개발

A-6 내부평가 시험지

<table>
<tr><td>과정명</td><td>컴퓨터응용가공 산업기사</td><td>교과목명</td><td>CAM</td><td>능력단위</td><td>CNC 밀링(머시닝센터) 가공 CAM 프로그래밍</td></tr>
<tr><td rowspan="3">능력단위 요소</td><td>CNC 밀링(머시닝센터)가공 CAM 프로그램 작성 준비하기</td><td rowspan="3">평가 유형</td><td rowspan="3">포트폴리오
(도면 제시형)</td><td rowspan="3">문항 수</td><td rowspan="3">3</td></tr>
<tr><td>CNC 밀링(머시닝센터)가공 CAM 프로그램 작성하기</td></tr>
<tr><td>CNC 밀링(머시닝센터)가공 CAM 프로그램 확인하기</td></tr>
<tr><td>평가 시간</td><td>60분</td><td>배점</td><td>100점</td><td>평가자</td><td>(서명)</td></tr>
<tr><td>평가 문항
(수행 내용)</td><td colspan="5">■ 다음 도면을 보고 CAM작업 준비하기와 CAM작업 후 프로그램을 확인하시오.
[요구사항]
※ 지급된 도면과 장비를 사용하여 아래 작업을 완성하시오.
1. 주어진 도면을 이용하여 2D 도면을 작성하시오.
2. 완성된 도면을 이용하여 가공지시서(공구 및 가공순서)를 기준으로 가공 공정 계획서를 완성하시오.
3. 주어진 작업절차(1-5)에 따라 가공 데이터를 생성하고, 각 작업절차별 툴패스(CL-DATA)이미지와 모의 가공된 이미지를 각각 출력하여 제출하시오.
※ 각 절차의 모의 가공된 이미지는 이전의 모든 절차가 연속 진행된 모의 가공 이미지로 제출하시오.
4. 작업절차별 각각의 이미지를 출력할 때에는 좌측 상단에 이름과 작업공정명을 기입하여 제출하시오.
5. 가공 원점을 기준으로 NC data를 생성하고 NC data는 반드시 각각의 가공데이터를 "★.NC" 파일로 저장하여 제출하시오.

[내부평가자 유의사항]
※ 다음 유의사항을 고려하여 요구사항을 완성하시오.
○ 시험이 종료되면 작업을 즉시 멈추어야 합니다.
○ 과제 또는 요구사항별 각 작업에 대한 시험 시간을 초과한 경우(작업이 완료되지 않은 경우) 완성된 부분까지만 채점한다.
○ 정전 및 비상사태에 대비하여 모든 데이터는 10분에 1회 이상 저장하도록 한다.
○ 다음 각 항에 해당하는 경우에는 해당 과제는 0점으로 처리합니다.
- "모델링 및 CAM 작업" 과제와 같이 요구사항을 연속적으로 수행하는 경우 선행 작업이 완료되지 않으면 후속 작업에 대한 배점은 모두 0점으로 처리됩니다.
- 요구사항을 이해하지 못하여 작업이 불가능한 경우
- 평가의 모든 과제에 응시하지 않은 경우
- 평가자 간 대화를 하는 경우
- 시험 중 지급된 이동디스크 외에 타 이동식 디스크 저장하는 경우
- 작업이 극히 미숙하여 해당 과제를 수행하지 못하는 경우</td></tr>
</table>

평가 문항
(수행 내용)

■ CNC 밀링(머시닝센터) 가공 CAM 프로그램 작성용 도면

도면 2(CAM 작업용)

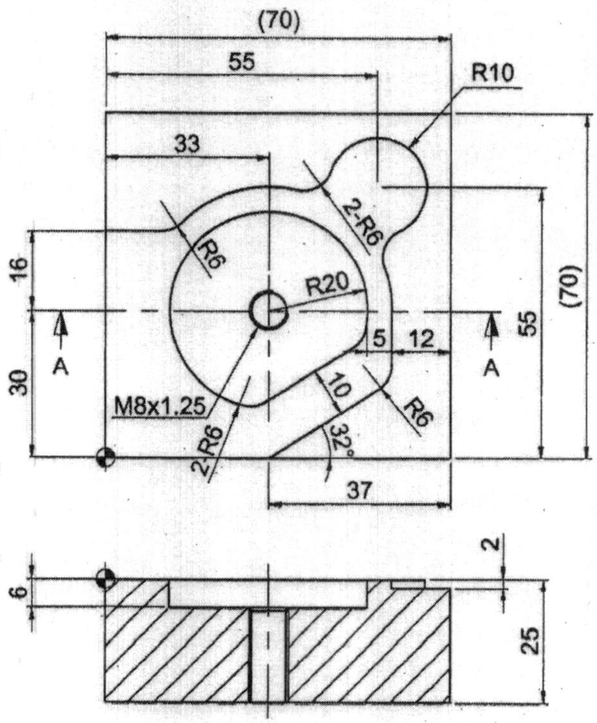

단면 A-A

[주서]
도시되고 지시 없는 모따기 C5

소재	70×70×25t		안전높이		Z축 원점에서 100mm 높은 곳	
공구 번호	공구 조건		절삭 조건			비 고
	종류	직경	회전수 (rpm)	이송 (mm/min)	절입량 (mm)	
T01	평E/M	∅10	1500	150	2	
T02	드릴	∅6.8	1200	100	3	
T03	TAP	M8×1.25	600	750	3	

NCS 기반 평가도구 개발

평가 문항 (수행 내용)

1. 가공 공정 계획서 작성 제출

ㅇ 제시한 도면을 가공할 수 있는 가공 공정 계획표를 완성하시오.--(15점)

번호	작업 공정 순서	공구번호	공구명	크기 (mm)	비 고
1					
2					
3					
4					

ㅇ 제시 도면

도면 2(CAM 작업용)

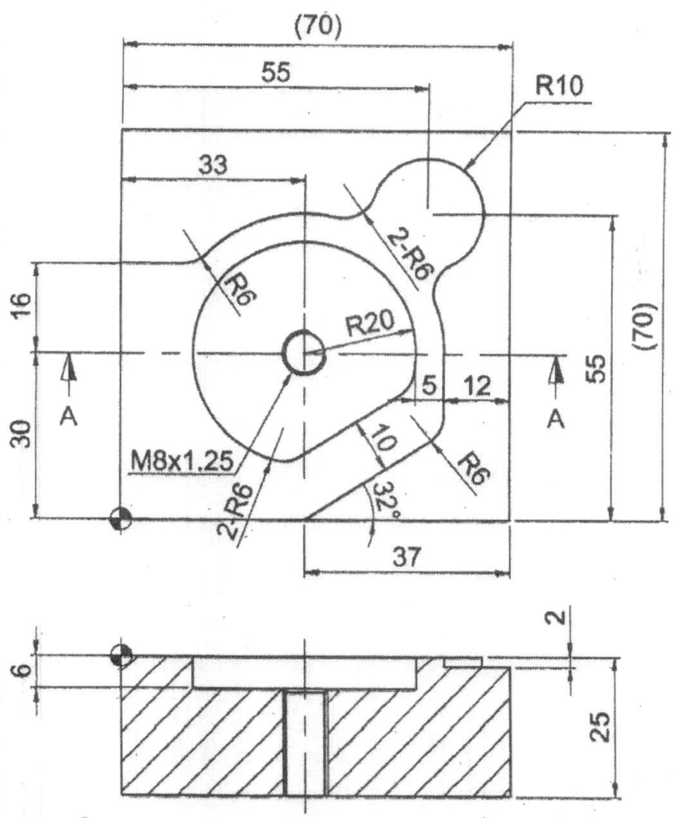

단면 A-A

평가 문항 (수행 내용)	2. NC 코드 생성하여 제출 (45점) ○ CNC 밀링 CAM 가공을 위한 NC 코드를 생성하여 제출하시오. [정답]

평가 문항 (수행 내용)	3. CNC 밀링(머시닝센터 CAM 가공 프로그램 검증하여 제출) (35점) ○ CNC 밀링(머시닝센터) CAM 가공을 위한 NC 코드를 모의 가공한 화면을 캡처하여 제출하시오. [정답]

A-7 평가도구 채점표

<table>
<tr><td>과정명</td><td>컴퓨터응용가공 산업기사</td><td>교과목명</td><td colspan="2">CAM</td><td>능력단위</td><td>CNC 밀링(머시닝센터) 가공 CAM 프로그래밍</td></tr>
<tr><td rowspan="3">능력단위 요소</td><td>1. CNC 밀링(머시닝센터) 가공 CAM 프로그램 작성 준비하기</td><td rowspan="3">평가유형</td><td colspan="2" rowspan="3">포트폴리오
(도면 제시형)</td><td rowspan="5">문항 수</td><td rowspan="5">3</td></tr>
<tr><td>2. CNC 밀링(머시닝센터) 가공 CAM 프로그램 작성하기</td></tr>
<tr><td>3. CNC 밀링(머시닝센터) 가공 CAM 프로그램 확인하기</td></tr>
<tr><td rowspan="2">평가 시간</td><td rowspan="2">60분</td><td rowspan="2">평가 일시</td><td>1차</td><td></td></tr>
<tr><td>2차</td><td></td></tr>
</table>

<table>
<tr><td rowspan="3">평가 차수</td><td rowspan="3">번호</td><td rowspan="3">배점
성명</td><td colspan="3">평가 항목(순번) 배점 및 득점</td><td rowspan="3">총점
(100)</td><td rowspan="3">성취 수준</td><td rowspan="3">Pass
/
Fail</td><td rowspan="3">훈련생 확인</td></tr>
<tr><td>문1</td><td>문2</td><td>문3</td></tr>
<tr><td>15
↕
0</td><td>45
↕
0</td><td>30
↕
0</td></tr>
<tr><td rowspan="4">1차 평가</td><td>1</td><td></td><td></td><td></td><td></td><td></td><td></td><td></td><td></td></tr>
<tr><td>:</td><td></td><td></td><td></td><td></td><td></td><td></td><td></td><td></td></tr>
<tr><td>:</td><td></td><td></td><td></td><td></td><td></td><td></td><td></td><td></td></tr>
<tr><td colspan="2">재평가 대상자</td><td></td><td></td><td></td><td></td><td></td><td></td><td></td></tr>
</table>

<table>
<tr><td rowspan="3">평가 차수</td><td rowspan="3">번호</td><td rowspan="3">배점
성명</td><td colspan="3">평가 항목(순번) 배점 및 득점</td><td rowspan="3">총점
(100)</td><td rowspan="3">성취 수준</td><td rowspan="3">Pass
/
Fail</td><td rowspan="3">훈련생 확인</td></tr>
<tr><td>문1</td><td>문2</td><td>문3</td></tr>
<tr><td>15
↕
0</td><td>45
↕
0</td><td>30
↕
0</td></tr>
<tr><td rowspan="3">2차 평가</td><td>1</td><td></td><td></td><td></td><td></td><td></td><td></td><td></td><td></td></tr>
<tr><td>:</td><td></td><td></td><td></td><td></td><td></td><td></td><td></td><td></td></tr>
<tr><td>:</td><td></td><td></td><td></td><td></td><td></td><td></td><td></td><td></td></tr>
</table>

A-8 평가자 의견 및 피드백

과정명	컴퓨터응용가공 산업기사	교과목명	CAM	능력단위	CNC 밀링(머시닝센터)가공 CAM 프로그래밍
능력단위 요소	1. CNC 밀링(머시닝센터)가공 CAM 프로그램 작성 준비하기 2. CNC 밀링(머시닝센터)가공 CAM 프로그램 작성하기 3. CNC 밀링(머시닝센터)가공 CAM 프로그램 확인하기	평가유형	포트폴리오 (도면 제시형)	평가자	(서명)
평가 시간	40	평가 일시			

번호	성명	평가자 의견 및 피드백 내용	훈련생 확인
1			(서명)
2			(서명)
3			(서명)
4			(서명)
5			(서명)
:			(서명)
:			(서명)
:			(서명)
:			(서명)
:			(서명)

A-9 평가 증빙자료

<table>
<tr><td>과정명</td><td>컴퓨터응용가공 산업기사</td><td>교과목명</td><td colspan="2">CAM</td><td>능력
단위</td><td>CNC
밀링(머시닝센터)가공
CAM 프로그래밍</td></tr>
<tr><td rowspan="3">능력단위
요소</td><td>1. CNC 밀링(머시닝센터)가공 CAM 프로그램 작성 준비하기</td><td rowspan="3">평가유형</td><td colspan="2" rowspan="3">포트폴리오
(도면 제시형)</td><td rowspan="5">평가
자</td><td rowspan="5">(서명)</td></tr>
<tr><td>2. CNC 밀링(머시닝센터)가공 CAM 프로그램 작성하기</td></tr>
<tr><td>3. CNC 밀링(머시닝센터)가공 CAM 프로그램 확인하기</td></tr>
<tr><td rowspan="2">평가
시간</td><td rowspan="2">40</td><td rowspan="2">평가
일시</td><td>1차</td><td></td></tr>
<tr><td>2차</td><td></td></tr>
<tr><td colspan="7">사진</td></tr>
<tr><td colspan="7">1차 평가</td></tr>
<tr><td colspan="7"></td></tr>
</table>

A-10 능력단위 성적표

<table>
<tr><td>과정명</td><td>컴퓨터응용가공 산업기사</td><td colspan="2">교과목명</td><td colspan="2">CAM</td><td>능력단위</td><td colspan="2">CNC 밀링(머시닝센터) 가공 CAM프로그래밍</td></tr>
<tr><td rowspan="3">능력단위
요소</td><td>1. CNC 밀링(머시닝센터)가공 CAM 프로그램 작성 준비하기</td><td colspan="2" rowspan="3">평가유형</td><td colspan="2" rowspan="3">포트폴리오
(도면
제시형)</td><td rowspan="5">평가자</td><td colspan="2" rowspan="5">(서명)</td></tr>
<tr><td>2. CNC 밀링(머시닝센터)가공 CAM 프로그램 작성하기</td></tr>
<tr><td>3. CNC 밀링(머시닝센터)가공 CAM 프로그램 확인하기</td></tr>
<tr><td rowspan="2">평가
시간</td><td rowspan="2">40</td><td rowspan="2">평가
일시</td><td>1차</td><td colspan="2"></td></tr>
<tr><td>2차</td><td colspan="2"></td></tr>
<tr><td rowspan="2">번호</td><td rowspan="2">성명</td><td colspan="2">능력단위 점수</td><td colspan="3">성취 수준</td><td colspan="2">Pass / Fail</td></tr>
<tr><td>1차</td><td>2차</td><td>1차</td><td colspan="2">2차</td><td>1차</td><td>2차</td></tr>
<tr><td>1</td><td></td><td></td><td></td><td></td><td colspan="2"></td><td></td><td></td></tr>
<tr><td>:</td><td></td><td></td><td></td><td></td><td colspan="2"></td><td></td><td></td></tr>
<tr><td>:</td><td></td><td></td><td></td><td></td><td colspan="2"></td><td></td><td></td></tr>
</table>

A-11 능력단위 수행평가서

<table>
<tr><td rowspan="2">학습자 명:</td><td rowspan="2">평가자 명:
(서명)</td><td colspan="3">평 가 일 시</td></tr>
<tr><td>1차</td><td>년 월 일</td><td></td></tr>
<tr><td rowspan="2">교 과 목 명 : CAM</td><td rowspan="2">1502010408_18v5
CNC 밀링(머시닝센터) 가공 CAM 프로그래밍</td><td>2차</td><td>년 월 일</td><td></td></tr>
<tr><td>3차</td><td>년 월 일</td><td></td></tr>
<tr><td colspan="2" rowspan="8">평가 방법:
본 평가는 단계별 자기평가의 학습 과정이 완료된 학습자에 대하여 평가를 합니다.
학습을 위한 준비에서부터 실습의 완료 후 동작 확인까지 아래 사항의 수행기준에 근거하여 학습자를 평가하여야 합니다.
(본 능력단위의 평가 방법 등을 안내하여 학습자로 하여금 학습 준비를 할 수 있도록 함)</td><td colspan="3">전체 평가(고정 내용으로서 임의 변경 불가)</td></tr>
<tr><td>성취 수준</td><td colspan="2">수행 정도</td></tr>
<tr><td></td><td colspan="2">5. 해당 지식과 기술을 확실하게 습득하여 직무수행에 필요한 기술적 사고력과 문제해결력을 토대로 주도적으로 완벽한 작업을 수행할 수 있다.</td></tr>
<tr><td></td><td colspan="2">4. 해당 지식과 기술을 습득하여 직무수행에 필요한 기술적 사고력과 문제해결력을 토대로 작업을 수행할 수 있다.</td></tr>
<tr><td></td><td colspan="2">3. 해당 지식과 기술을 대부분 습득하여 직무수행에 필요한 지식과 기술을 가지고 대부분의 작업을 수행할 수 있다.</td></tr>
<tr><td></td><td colspan="2">2. 해당 지식과 기술을 부분적으로 습득하여 직무수행에 필요한 지식과 기술을 가지고 타인과 공동으로 작업을 수행할 수 있다.</td></tr>
<tr><td></td><td colspan="2">1. 해당 지식과 기술을 습득하는데 부족함이 있어 타인의 도움을 받아야만 작업을 수행할 수 있다.</td></tr>
<tr><td colspan="3">평가자는 학습자의 달성 정도를 성취 수준에 표시한다.</td></tr>
</table>

평가 영역(단원명)	수 행 준 거	예	아니오
1502010408_18v5.1 CNC 밀링(머시닝센터) 가공 CAM 프로그램 작성 준비하기	1.1 작업 도면에 준하여 CNC 밀링(머시닝센터)의 사양을 확인하고 가공 가능한 기계를 선택할 수 있다.		
	1.2 작업 공정에 알맞은 CNC 밀링(머시닝센터) 공구를 선택하고 작업 공정을 순서대로 작업 표준서에 작성할 수 있다.		
	1.3 작업 공정에 준하여 재료와 사용 공구의 조건에 따라 각 공정별 절삭 조건을 설정할 수 있다.		
	1.4 도면 사양에 부합되는 부품을 제작하기 위하여 관련 기술 자료를 참고할 수 있다.		
1502010408_18v5.2 CNC 밀링(머시닝센터) 가공 CAM 프로그램 작성하기	2.1 모델링 데이터를 불러와서 가공 데이터를 생성하기 위한 수정 편집을 수행할 수 있다.		
	2.2 작업 표준서에 따라 CNC 밀링(머시닝센터) 공구를 선택하고 결정된 가공 조건으로 공구 경로를 결정하고 공정 순서대로 프로그램을 작성할 수 있다.		
	2.3 가공 데이터 생성 시 공작물 가공 원점, 공작물 회전수, 공구 이송 속도, 절삭 공구의 절입 깊이, 재료 물림량 등의 가공 조건을 참고하여 결정할 수 있다.		
	2.4 작성된 작업 표준서의 작업 공정을 보고 CAM 시스템을 사용하여 CNC 밀링(머시닝센터)가공 데이터를 생성할 수 있다.		
1502010408_18v5.3 CNC 밀링(머시닝센터) 가공 CAM 프로그램 확인하기	3.1 CAM 시스템에서 시뮬레이션 기능을 활용하여 공구 경로의 이상 유무를 확인할 수 있다.		
	3.2 프로그램 이상이 확인되면 잘못된 가공데이터를 수정할 수 있다.		
	3.3 작업 공정 순서에 따라 작업 표준서를 검토할 수 있다.		

8. 3D 형상 모델링 작업

NCS 기반 평가도구 개발

[3D 형상 모델링 작업(1501020113_16v3)]

- 제 출 일 : ____________________
- 소　　속 : ____________________
- 교과목명 : ____________________
- 개 발 자 : ____________________

【능력단위명: 3D 형상 모델링 작업】

대분류	중분류	소분류	세분류
15. 기계	02. 기계가공	01. 절삭가공	02. CAM가공

A-1 능력단위 주요 평가영역 도출

구분	내용				
훈련 목표	CAD 프로그램을 사용자 작업 환경에 맞도록 설정하고, 모델링할 수 있다.				
장비·재료	• 컴퓨터 • 해당 CAD 프로그램 • 프린터 토너 • 도면 용지				
평가 시 고려사항	• KS 및 ISO 제도 규격에 관한 파악 능력 • 투상 능력 • 3D CAD 프로그램 활용 능력 • 모델링 이력 구성 능력 • 형상 표현의 정확성				
주요 평가 영역	지식		기술	○	태도	○

A-2 평가 방법 및 문항 수 도출

능력단위	능력단위 요소	주요 평가 영역			능력단위 요소 연계성	문항 수	평가 방법
		지식 (지필)	기술·태도 (수행관찰)	기술 (산출물)			
3D 형상 모델링 작업	3D 형상 모델링 작업 준비하기		√		.1 .2	5	포트폴리오 (작업형)
	3D 형상 모델링 작업하기			√	.1 .2		

A-3 능력단위 요소별 배점 기준 도출

능력단위	능력단위 요소	훈련 필요성			합계 Ⓓ	배점 비중 (Ⓓ/Ⓔ)*100
		중요도 Ⓐ	난이도 Ⓑ	활용 빈도 Ⓒ		
		낮음 ↔ 보통 ↔ 높음 ① ② ③				
3D 형상 모델링 작업	3D 형상 모델링 작업 준비하기	1	1	2	4	30
	3D 형상 모델링 작업하기	3	3	3	9	70
계 Ⓔ		4	4	5	13	100

A-4 교수자용 평가 문항 개발

<table>
<tr><td>과정명</td><td>컴퓨터응용가공 산업기사</td><td>교과목명</td><td>3D CAD</td><td>능력단위</td><td>3D 형상 모델링 작업</td></tr>
<tr><td rowspan="2">능력단위 요소</td><td>3D 형상 모델링 작업 준비하기</td><td rowspan="2">평가 유형</td><td rowspan="2">포트폴리오 (도면 제시형)</td><td rowspan="2">문항 수</td><td rowspan="2">1</td></tr>
<tr><td>3D 형상 모델링 작업하기</td></tr>
<tr><td>평가시간</td><td>60분</td><td>배점</td><td>100점</td><td>평가자</td><td>(서명)</td></tr>
<tr><td>평가 문항 (수행 내용)</td><td colspan="5">■ 제시된 도면 및 시설 · 장비를 활용하여 아래 작업을 완성하시오.
[요구사항]
1. 주어진 도면을 이용하여 3D 모델링을 생성합니다.
2. 가공 지시서(공구 및 가공 순서)를 기준으로 가공 공정 계획서를 완성하여 제출합니다.
3. 주어진 작업 절차(1~5)에 따라 가공 데이터를 생성하고, 각 작업 절차별 툴패스(CL-data) 이미지와 모의 가공된 이미지를 각각 출력하여 제출합니다.
※ 각 절차의 모의 가공된 이미지는 이전의 모든 절차가 연속 진행된 모의 가공 이미지로 제출합니다.
4. 작업 절차별 각각의 이미지를 출력할 때에는 좌측 상단에 비번호, 작업 공정명을 기입하여 제출합니다.
5. 가공 원점을 기준으로 NC data를 생성하고 NC-data는 반드시 각각의 가공데 "*.NC" 파일로 저장하여 제출합니다.
[학생 유의사항]
1. 시험이 종료되면 작업을 즉시 멈추어야 합니다.
2. 과제 또는 요구사항별 각 작업에 대한 시험시간을 초과할 경우(작업이 완료되지 않은 경우) 완성된 부분까지만 채점합니다.
3. 수험자는 바탕화면에 본인 비번호로 폴더를 생성하고, 이 폴더에 작업 파일(파일명: 비번호_공정명)을 저장하도록 합니다.
4. 정전 및 비상사태에 대비하여 모든 데이터는 10분에 1회 이상 저장하도록 합니다.
5. 시험 중 이동식 저장장치 또는 LAN으로 정보를 주고받는 행위는 부정행위로 처리하며, 시험 종료 후 본인이 작업한 내용은 하드디스크에서 모두 삭제하여야 합니다.
6. 다음 각 항에 해당하는 경우에는 해당 과제는 0점으로 처리합니다.
- 해당 장비의 조작이 가능하지 않다고 감독위원이 판단을 내린 경우 해당 작업 이후의 요구사항은 진행하지 하지 않으며, 진행 결과에 대한 채점은 0점으로 처리합니다.
- "CAM 프로그래밍" 과제와 같이 요구사항을 연속적으로 수행하여야 하는 경우 선행 작업이 완료되지 않으면 후속 작업에 대한 배점은 모두 0점으로 처리됩니다.
- 반드시 모든 작업을 수행하여야 하며, 응시하지 않은 경우
- 요구사항 또는 시험위원의 지시사항과 다른 작업을 하는 경우
- 요구사항을 이해하지 못하여 작업이 불가능한 경우
7. 다음 각 항에 해당하는 경우에는 실격으로 처리합니다.
- 수험자 간에 대화를 하는 경우
- 타인의 도움을 받아 작업을 완료한 경우
- 수험자 간 서로 이동식 디스크나 LAN으로 정보를 주고받는 경우
- 휴대폰 또는 기타 통신기기를 휴대하여 사용하는 경우
- 장비 조작 미숙으로 감독 위원에게 3회 이상 지적을 받거나 정당한 지시에 불응
- 기타 시험과 관련된 부정행위를 하는 경우</td></tr>
</table>

	CNC 선반 CAM 도면 제시
평가 문항 (수행 내용)	■ 도면 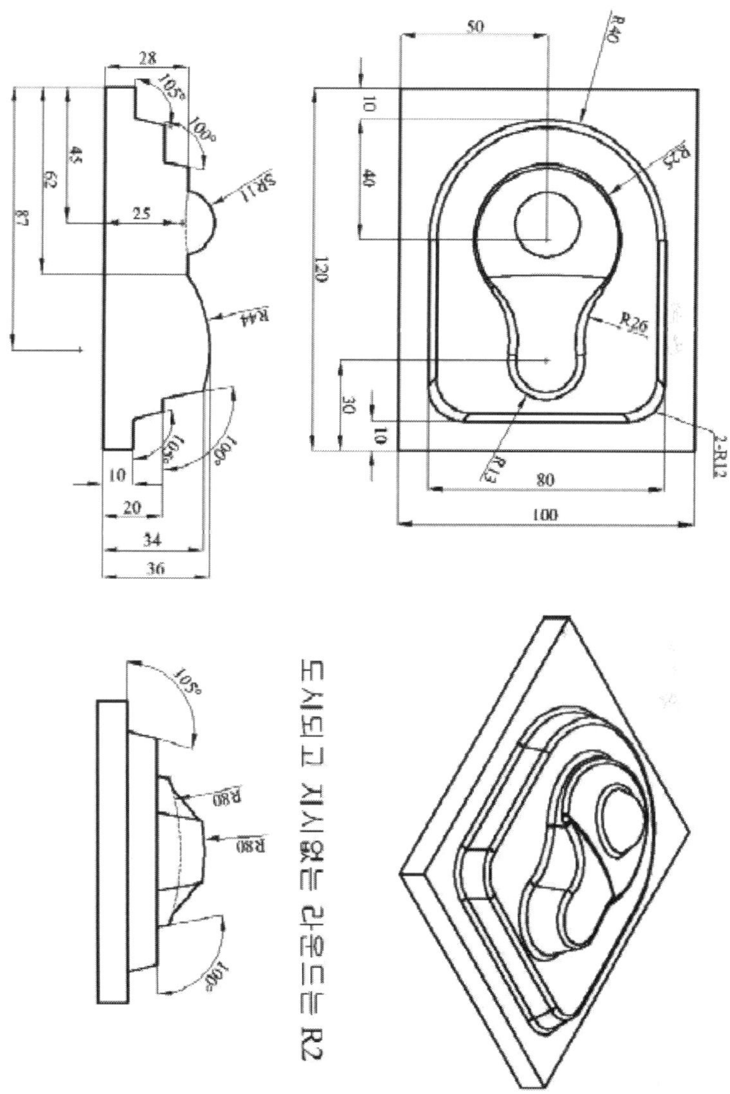

평가 문항 (수행 내용)

[가공 지시서]

○ 가공 소재: 연강(SM20C)
○ 소재 치수: T40 × 100 × 120
○ 가공 원점: 가공 원점은 가공 소재의 좌측 하단(0, 0, 0)에 설정한다.
○ 가공 장비: 머시닝센터로 10000rpm을 넘지 않도록 설정한다.
○ 공구 리스트
- 공구는 반드시 아래의 절삭 조건표를 참조하여 작업한다.

번호	공구 이름	공구 종류	지름 (Ø)	코너 R (TIP RADIUS)	절삭량		스핀들 속도(rpm)	절삭 속도 (mm/min)
					X, Y(Pitch)	Z(Pitch)		
1	F17R2	코너 R 엔드밀	17.0	2.0	7~9	0.3~0.5	3500	4000
2	F8R1	코너 R 엔드밀	8.0	1.0	3~5	0.2~0.4	5000	5000
3	8 Ball	볼 엔드밀	8.0	-	0.15~0.35	-	5000	2500
4	4 Ball	볼 엔드밀	4.0	-	0.15~0.3	0.002 (cusp)	10000	2000

○ 공구 생크 및 홀더 정보

생크			
공구 지름	상단 지름	하단 지름	길이
ø4.0	6	4	3.5

홀더				
공구 지름	크기	상단 지름	하단 지름	길이
ø17~ø4.0	1단	28	28	70
	2단	100	100	27
	3단	120	120	8
	4단	220	220	65

평가 문항
(수행 내용)

[문제 1] 가공 공정 계획서 작성하여 제출하시오.

○ 제시한 모델링을 가공할 수 있는 공정 계획표를 완성하여 제출하시오.

번호	작업 공정 순서	공구 이름	공구 지름((∅)	코너 R (Tip radius)
1	전체 황삭			
2	황 잔 삭			
3	측벽 영역 정삭			
	검사면 영역 정삭			
4	전체 코너 잔삭			
5	평면 정삭			

○ 완성된 모델링 형상 제출(각자 모델링 형상 제출)

(예시)

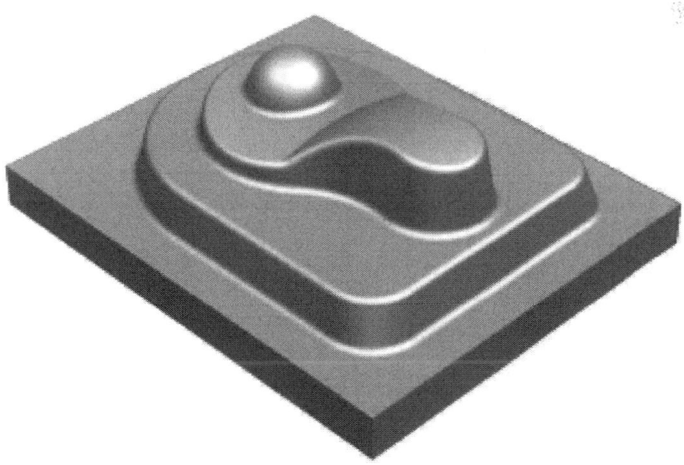

평가 문항
(수행 내용)

[문제 2] CAM 작업 절차에서 황삭 툴패스는 공구가 소재에 바로 진입하지 않도록 진입 방법에 주의하여 작업하여 제출하시오.

2-1 이미지 기본 양식에 이미지 파일을 복사하여 제출하시오.

전체 황삭	이미지
툴패스(CL-data) 이미지	
모의 가공된 이미지	

2-2 그림과 같은 형태로 포켓 코너와 구 형상, 바닥 코너 부분의 미절삭 영역을 황 잔삭 가공 이미지를 복사하여 제출하시오.

(예시)

평가 문항 (수행 내용)	[문제 3] 모델의 측벽 영역과 경사면 영역을 분리하여 정삭 가공하여 이미지를 복사하여 제출하시오. 3-1 측벽 영역 정삭: 그림과 같이 모델의 경계 영역(바운더리)을 지정하여 측벽 가공 데이터를 생성하여 이미지 파일을 복사하여 제출하시오. **측벽 영역 정삭 이미지** 3-2 경사면 영역 정삭: 그림과 같이 모델의 경계 영역(바운더리)을 지정하여 완만한 경사 영역 가공 데이터를 생성하여 이미지 파일을 복사하여 제출하시오. **경사면 영역 정삭 이미지**

평가 문항 (수행 내용)	[문제 4] 전체 코너 잔삭 가공은 아래 그림과 같이 모델 전체 코너 부분을 잔삭 처리하여 이미지를 복사하여 제출하시오. 4-1 공구 생크와 홀더를 적용하여 안전하게 코너 가공을 할 수 있는 공구 최적 길이를 구하여 코너 잔삭 가공 데이터를 생성하시오. **코너 잔삭 가공 데이터 생성** 4-2 공구 홀더와 간섭으로 인한 과절삭이 발생하지 않도록 주의하여 가공하시오. **공구 홀더와 간섭으로 인한 과절삭이 발생하지 않도록 가공 이미지** 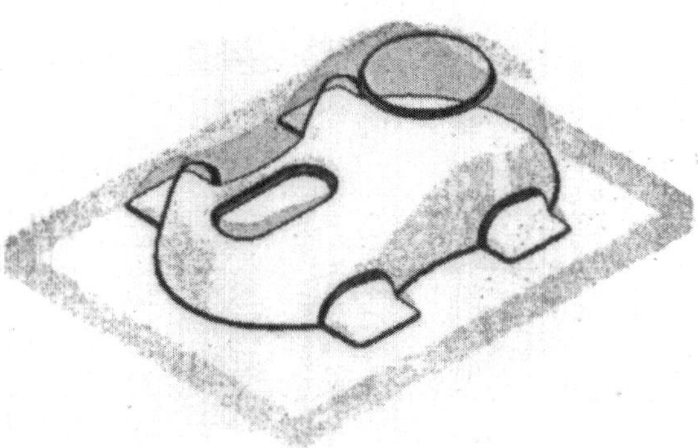

평가 문항 (수행 내용)

4-3 그림과 같이 선택된 평면의 가공은 직경 8mm 코너 R 1의 코너 R 엔드밀을 사요하여 X, Y, 피치는 공구 직경의 40~50%를 적용하여 공구 경로를 생성하시오.

공구 경로 생성 이미지

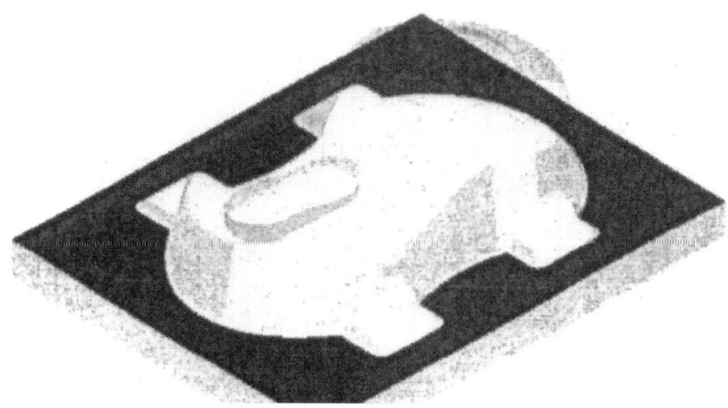

[문제 5] 작성한 전체 가공데이터의 작업 시트를 작성하시오.

번호	작업 공정 순서	공구 이름	가공 여유	가공 공차	절입량(mm)		스핀들 속도 (rpm)	절삭 속도 (mm/min)
					X, Y (pitsh)	Z (pitsh)		
1	전체 황삭							
2	황 잔 삭							
3	측벽 영역 정삭				/			
	검사면 영역 정삭					/		
4	전체 코너 잔삭					/		
	공구 최적 길이							
5	평면 정삭							

A-5 평가 공개자료

과정명	컴퓨터응용가공 산업기사	교과목명	3D CAD	능력단위	3D 형상 모델링 작업
능력단위 요소	3D 형상 모델링 작업 준비하기 3D 형상 모델링 작업하기	평가유형	포트폴리오 (서술형 평가)	문항 수	5
평가시간	20분	배점	20점	평가자	(서명)

평가문항 (수행내용)

■ 제시된 도면 및 시설 · 장비를 활용하여 아래 작업을 완성하시오.

[요구사항]

1. 주어진 도면을 이용하여 3D 모델링을 생성합니다.
2. 가공 지시서(공구 및 가공 순서)를 기준으로 가공 공정 계획서를 완성하여 제출합니다.
3. 주어진 작업 절차(1~5)에 따라 가공 데이터를 생성하고, 각 작업 절차별 툴패스(CL-data) 이미지와 모의 가공된 이미지를 각각 출력하여 제출합니다.

※ 각 절차의 모의 가공된 이미지는 이전의 모든 절차가 연속 진행된 모의 가공 이미지로 제출합니다.

4. 작업 절차별 각각의 이미지를 출력할 때에는 좌측 상단에 비번호, 작업 공정명을 기입하여 제출합니다.
5. 가공 원점을 기준으로 NC data를 생성하고 NC-data는 반드시 각각의 가공데 "*.NC" 파일로 저장하여 제출합니다.

[학생 유의사항]

1. 시험이 종료되면 작업을 즉시 멈추어야 합니다.
2. 과제 또는 요구사항별 각 작업에 대한 시험 시간을 초과할 경우(작업이 완료되지 않은 경우) 완성된 부분까지만 채점합니다.
3. 수험자는 바탕화면에 본인 비번호로 폴더를 생성하고, 이 폴더에 작업 파일(파일명: 비번호_공정명)을 저장하도록 합니다.
4. 시험 중 이동식 저장장치 또는 LAN으로 정보를 주고받는 행위는 부정행위로 처리하며, 시험 종료 후 본인이 작업한 내용은 하드디스크에서 모두 삭제하여야 합니다.
5. 다음 각 항에 해당하는 경우에는 해당 과제는 0점으로 처리합니다.
   - 해당 장비의 조작이 가능하지 않다고 감독위원이 판단을 내린 경우 해당 작업 이후의 요구사항은 진행하지 하지 않으며, 진행 결과에 대한 채점은 0점으로 처리합니다.
   - "CAM 프로그래밍" 과제와 같이 요구사항을 연속적으로 수행하여야 하는 경우 선행 작업이 완료되지 않으면 후속 작업에 대한 배점은 모두 0점으로 처리됩니다.
   - 반드시 모든 작업을 수행하여야 하며, 응시하지 않은 경우
   - 요구사항 또는 시험위원의 지시사항과 다른 작업을 하는 경우
   - 요구사항을 이해하지 못하여 작업이 불가능한 경우
6. 다음 각 항에 해당하는 경우에는 실격으로 처리합니다.
   - 수험자 간에 대화를 하는 경우
   - 타인의 도움을 받아 작업을 완료한 경우
   - 수험자 간 서로 이동식 디스크나 LAN으로 정보를 주고받는 경우
   - 휴대폰 또는 기타 통신기기를 휴대하여 사용하는 경우
   - 장비 조작 미숙으로 감독 위원에게 3회 이상 지적을 받거나 정당한 지시에 불응
   - 기타 시험과 관련된 부정행위를 하는 경우

평가 문항 (수행 내용)	CNC 선반 CAM 도면 제시
	■ 도면 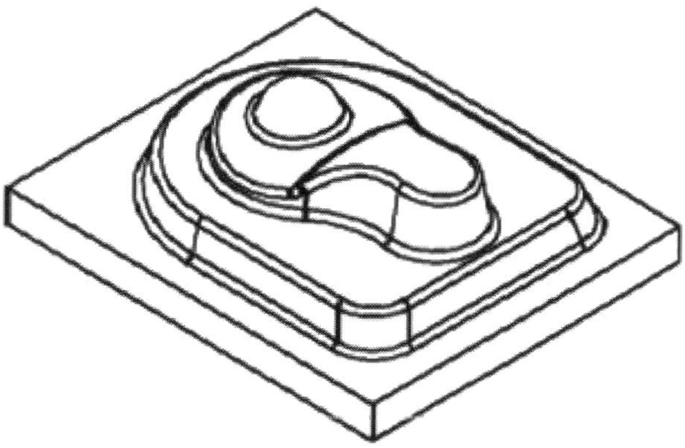

A-6 내부평가 시험지

<table>
<tr><td>과정명</td><td>컴퓨터응용가공 산업기사</td><td>교과목명</td><td>3D CAD</td><td>능력단위</td><td>3D 형상 모델링 작업</td></tr>
<tr><td rowspan="2">능력단위 요소</td><td>3D 형상 모델링 작업 준비하기</td><td rowspan="2">평가유형</td><td rowspan="2">포트폴리오
(도면 제시형)</td><td rowspan="2">문항 수</td><td rowspan="2">1</td></tr>
<tr><td>3D 형상 모델링 작업하기</td></tr>
<tr><td>평가 시간</td><td>60분</td><td>배점</td><td>100점</td><td>평가자</td><td>(서명)</td></tr>
<tr><td>평가문항
(수행내용)</td><td colspan="5">■ 제시된 도면 및 시설 · 장비를 활용하여 아래 작업을 완성하시오.

[요구사항]
1. 주어진 도면을 이용하여 3D 모델링을 생성합니다.
2. 가공 지시서(공구 및 가공 순서)를 기준으로 가공 공정 계획서를 완성하여 제출합니다.
3. 주어진 작업 절차(1~5)에 따라 가공 데이터를 생성하고, 각 작업 절차별 툴패스(CL-data) 이미지와 모의 가공된 이미지를 각각 출력하여 제출합니다.
※ 각 절차의 모의 가공된 이미지는 이전의 모든 절차가 연속 진행된 모의 가공 이미지로 제출합니다.
4. 작업 절차별 각각의 이미지를 출력할 때에는 좌측 상단에 비번호, 작업 공정명을 기입하여 제출합니다.
5. 가공 원점을 기준으로 NC data를 생성하고 NC-data는 반드시 각각의 가공데 "*.NC" 파일로 저장하여 제출합니다.
[학생 유의사항]
1. 시험이 종료되면 작업을 즉시 멈추어야 합니다.
2. 과제 또는 요구사항별 각 작업에 대한 시험 시간을 초과할 경우(작업이 완료되지 않은 경우) 완성된 부분까지만 채점합니다.
3. 수험자는 바탕화면에 본인 비번호로 폴더를 생성하고, 이 폴더에 작업 파일(파일명: 비번호_공정명)을 저장하도록 합니다.
4. 정전 및 비상사태에 대비하여 모든 데이터는 10분에 1회 이상 저장하도록 합니다.
5. 시험 중 이동식 저장장치 또는 LAN으로 정보를 주고받는 행위는 부정행위로 처리하며, 시험 종료 후 본인이 작업한 내용은 하드디스크에서 모두 삭제하여야 합니다.
6. 다음 각 항에 해당하는 경우에는 해당 과제는 0점으로 처리합니다.
- 해당 장비의 조작이 가능하지 않다고 감독위원이 판단을 내린 경우 해당 작업 이후의 요구사항은 진행하지 하지 않으며, 진행 결과에 대한 채점은 0점으로 처리합니다.
- "CAM 프로그래밍" 과제와 같이 요구사항을 연속적으로 수행하여야 하는 경우 선행 작업이 완료되지 않으면 후속 작업에 대한 배점은 모두 0점으로 처리됩니다.
- 반드시 모든 작업을 수행하여야 하며, 응시하지 않은 경우
- 요구사항 또는 시험위원의 지시사항과 다른 작업을 하는 경우
- 요구사항을 이해하지 못하여 작업이 불가능한 경우
7. 다음 각 항에 해당하는 경우에는 실격으로 처리합니다.
- 수험자 간에 대화를 하는 경우
- 타인의 도움을 받아 작업을 완료한 경우
- 수험자 간 서로 이동식 디스크나 LAN으로 정보를 주고받는 경우
- 휴대폰 또는 기타 통신기기를 휴대하여 사용하는 경우
- 장비 조작 미숙으로 감독 위원에게 3회 이상 지적을 받거나 정당한 지시에 불응
- 기타 시험과 관련된 부정행위를 하는 경우</td></tr>
</table>

CNC 선반 CAM 도면 제시

평가 문항 (수행 내용)

■ 도면

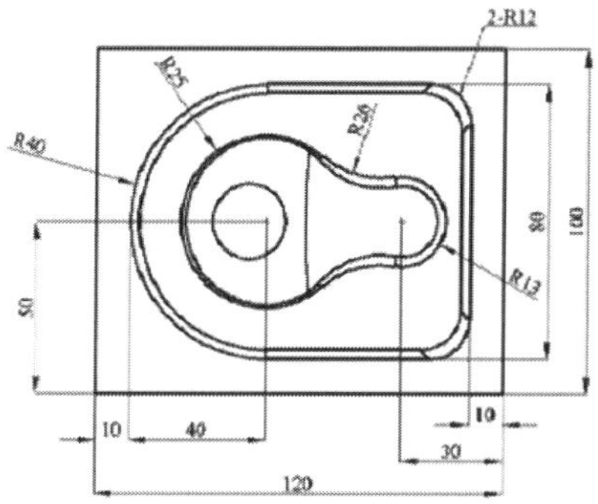

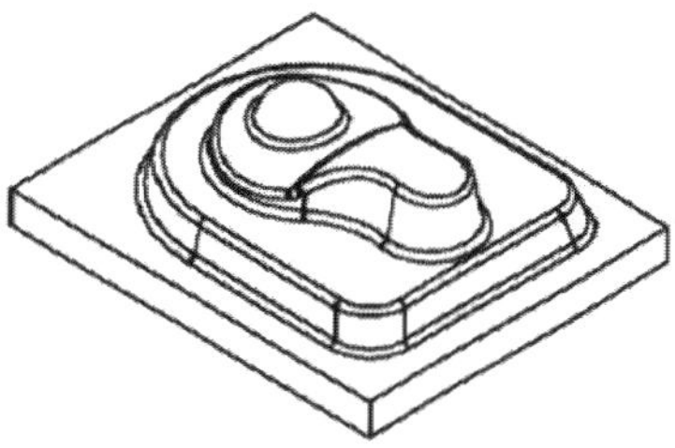

도시되고 지시없는 라운드는 R2

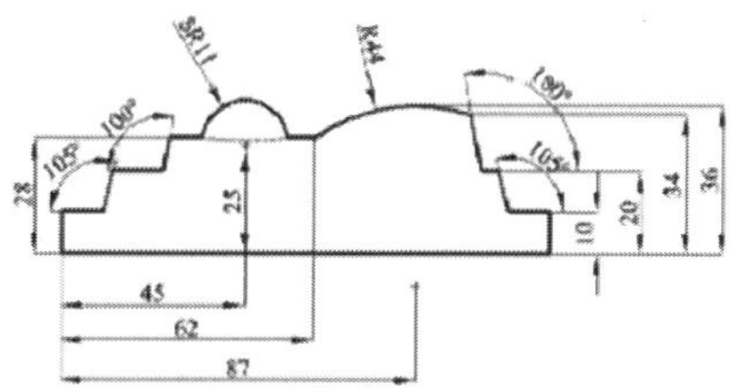

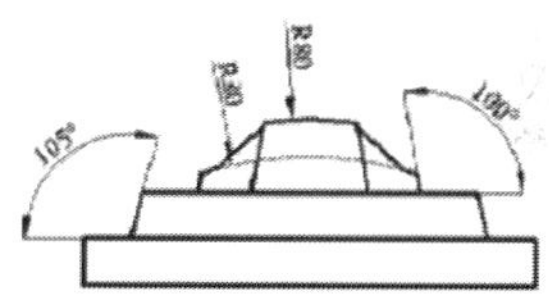

[가공 지시서]

- ㅇ 가공 소재: 연강(SM20C)
- ㅇ 소재 치수: T40 × 100 × 120
- ㅇ 가공 원점: 가공 원점은 가공 소재의 좌측 하단(0, 0, 0)에 설정한다.
- ㅇ 가공 장비: 머시닝센터로 10000rpm을 넘지 않도록 설정한다.
- ㅇ 공구 리스트
  - 공구는 반드시 아래의 절삭 조건표를 참조하여 작업한다.

번호	공구 이름	공구 종류	지름 (Ø)	코너 R (TIP RADIUS)	절삭량		스핀들 속도(rpm)	절삭 속도 (mm/min)
					X, Y(Pitch)	Z(Pitch)		
1	F17R2	코너 R 엔드밀	17.0	2.0	7~9	0.3~0.5	3500	4000
2	F8R1	코너 R 엔드밀	8.0	1.0	3~5	0.2~0.4	5000	5000
3	8 Ball	볼 엔드밀	8.0	-	0.15~0.35	-	5000	2500
4	4 Ball	볼 엔드밀	4.0	-	0.15~0.3	0.002 (cusp)	10000	2000

평가 문항 (수행 내용)

○ 공구 생크 및 홀더 정보

생크			
공구 지름	상단 지름	하단 지름	길이
Ø4.0	6	4	3.5

홀더				
공구 지름	크기	상단 지름	하단 지름	길이
Ø17～Ø4.0	1단	28	28	70
	2단	100	100	27
	3단	120	120	8
	4단	220	220	65

[문제 1] 가공 공정 계획서 작성하여 제출하시오.

○ 제시한 모델링을 가공할 수 있는 공정 계획표를 완성하여 제출하시오.

번호	작업 공정 순서	공구 이름	공구 지름((Ø)	코너 R (Tip radius)
1	전체 황삭			
2	황 잔 삭			
3	측벽 영역 정삭			
	검사면 영역 정삭			
4	전체 코너 잔삭			
5	평면 정삭			

○ 완성된 모델링 형상 제출(각자 모델링 형상 제출)

(예시)

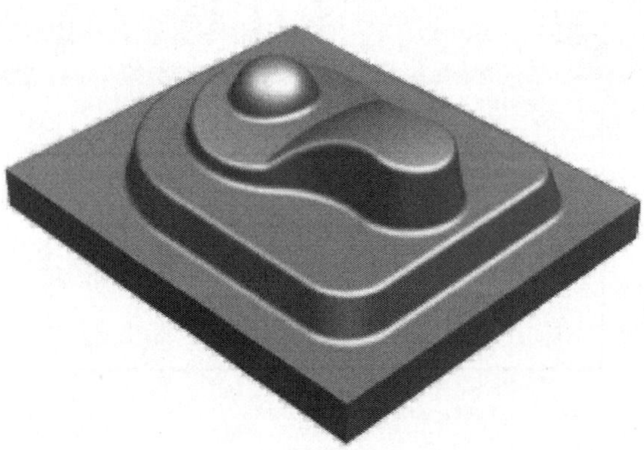

평가 문항 (수행 내용)	[문제 2] CAM 작업 절차에서 황삭 툴패스는 공구가 소재에 바로 진입하지 않도록 진입 방법에 주의하여 작업하여 제출하시오. 2-1 이미지 기본 양식에 이미지 파일을 복사하여 제출하시오.

전체 황삭	이미지
툴패스(CL-data) 이미지	
모의 가공된 이미지	

2-2 그림과 같은 형태로 포켓 코너와 구 형상, 바닥 코너 부분의 미절삭 영역을 황삭 가공 이미지를 복사하여 제출하시오.

(예시)

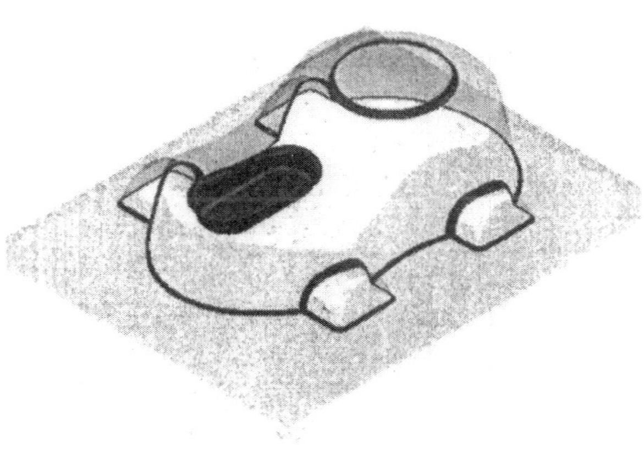

평가 문항 (수행 내용)	[문제 3] 모델의 측벽 영역과 경사면 영역을 분리하여 정삭 가공하여 이미지를 복사하여 제출하시오. 3-1 측벽 영역 정삭: 그림과 같이 모델의 경계 영역(바운더리)을 지정하여 측벽 가공 데이터를 생성하여 이미지 파일을 복사하여 제출하시오. 측벽 영역 정삭 이미지 3-2 경사면 영역 정삭: 그림과 같이 모델의 경계 영역(바운더리)을 지정하여 완만한 경사 영역 가공 데이터를 생성하여 이미지 파일을 복사하여 제출하시오. 경사면 영역 정삭 이미지

평가 문항 (수행 내용)	[문제 4] 전체 코너 잔삭 가공은 아래 그림과 같이 모델 전체 커너 부분을 잔삭 처리하여 이미지를 복사하여 제출하시오. 4-1 공구 생크와 홀더를 적용하여 안전하게 코너 가공을 할 수 있는 공구 최적 길이를 구하여 코너 잔삭 가공 데이터를 생성하시오. **코너 잔삭 가공 데이터 생성** 4-2 공구 홀더와 간섭으로 인한 과절삭이 발생하지 않도록 주의하여 가공하시오. **공구 홀더와 간섭으로 인한 과절삭이 발생하지 않도록 가공 이미지** 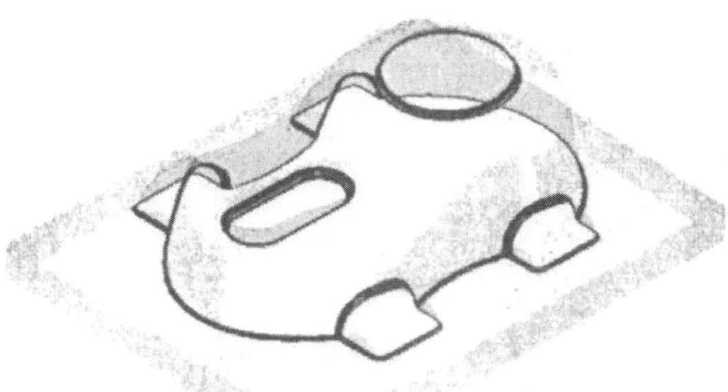

평가 문항 (수행 내용)

4-3 그림과 같이 선택된 평면의 가공은 직경 8mm 코너 R 1의 코너 R 엔드밀을 사요하여 X, Y, 피치는 공구 직경의 40~50%를 적용하여 공구 경로를 생성하시오.

공구 경로 생성 이미지
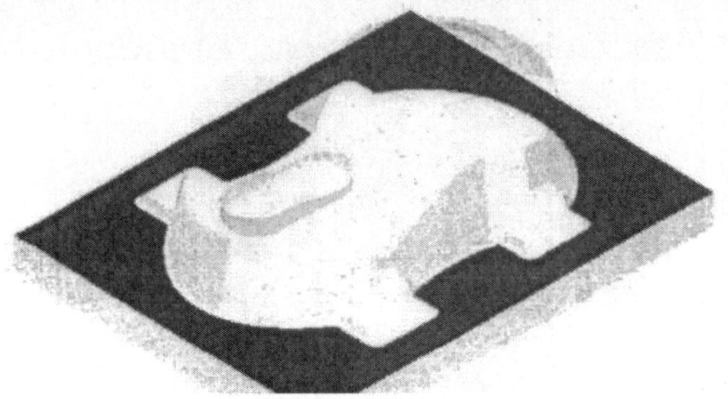

[문제 5] 작성한 전체 가공데이터의 작업 시트를 작성하시오.

번호	작업 공정 순서	공구 이름	가공 여유	가공 공차	절입량(mm)		스핀들 속도 (rpm)	절삭 속도 (mm/min)
					X, Y (pitsh)	Z (pitsh)		
1	전체 황삭							
2	황 잔 삭							
3	측벽 영역 정삭							
	검사면 영역 정삭							
4	전체 코너 잔삭							
	공구 최적 길이							
5	평면 정삭							

A-7 평가도구 채점표

과정명	컴퓨터응용가공 산업기사	교과목명		3D CAD	능력단위	3D 형상 모델링 작업
능력단위 요소	3D 형상 모델링 작업 준비하기 3D 형상 모델링 작업하기	평가 유형		포트폴리오 (도면 제시형)	평가자	(서명)
평가 시간	1시간20분	평가 일시	1차			
			2차			

평가차수	번호	배점 / 성명	1	2	3	4	5	1	2	3	4	5	6	7	8	9	10	11	12	13	14	총점 (100)	성취 수준	Pass / Fail	훈련생 확인
			4 3 2 0	4 3 2 1	4 3 0	4 3 0	4 3 0	4 3 2	4 3 2	4 3 2	4 3 2	10 7 3	5 3 2	4 3 2	10 7 3	4 3 2	9 7 3	5 3 2	4 3 2	5 3 2	8 6 3				
1차 평가	1																								
	:																								
	:																								
	재평가 대상자																								

(평가 항목(순번) 배점 및 득점)

평가차수	번호	배점 / 성명	1	2	3	4	5	1	2	3	4	5	6	7	8	9	10	11	12	13	14	총점 (100)	성취 수준	Pass / Fail	훈련생 확인
			4 3 2 0	4 3 2 1	4 3 0	4 3 0	4 3 0	3 2 1	3 2 1	3 2 1	3 2 1	10 7 3	5 3 2	4 3 2	10 7 3	4 3 2	9 7 3	5 3 2	4 3 2	5 3 2	8 6 3				
2차 평가	1																								
	:																								
	:																								

(평가 항목(순번) 배점 및 득점)

CHAPTER 02

A-8 평가자 의견 및 피드백

<table>
<tr><td>과정명</td><td>컴퓨터응용가공 산업기사</td><td>교과목명</td><td>3D CAD</td><td>능력단위</td><td>3D 형상 모델링 작업</td></tr>
<tr><td rowspan="2">능력단위 요소</td><td>3D 형상 모델링 작업 준비하기</td><td rowspan="2">평가유형</td><td rowspan="2">포트폴리오</td><td rowspan="3">평가자</td><td rowspan="3">(서명)</td></tr>
<tr><td>3D 형상 모델링 작업하기</td></tr>
<tr><td>평가시간</td><td>1</td><td>평가일시</td><td></td></tr>
</table>

번호	성명	평가자 의견 및 피드백 내용	훈련생 확인
1			(서명)
2			
3			
4			
5			
:			
:			
:			
:			
:			

NCS 기반 평가도구 개발

A-9 평가 증빙자료

<table>
<tr><td>과정명</td><td>컴퓨터응용가공 산업기사</td><td colspan="2">교과목명</td><td>3D CAD</td><td>능력단위</td><td>3D 형상 모델링 작업</td></tr>
<tr><td rowspan="2">능력단위 요소</td><td>3D 형상 모델링 작업 준비하기</td><td colspan="2" rowspan="2">평가유형</td><td rowspan="2">포트폴리오</td><td rowspan="4">평가자</td><td rowspan="4">(서명)</td></tr>
<tr><td>3D 형상 모델링 작업하기</td></tr>
<tr><td rowspan="2">평가시간</td><td rowspan="2">1시간 20분</td><td rowspan="2">평가 일시</td><td>1차</td><td></td></tr>
<tr><td>2차</td><td></td></tr>
<tr><td colspan="7">사진</td></tr>
<tr><td colspan="7">1차 평가</td></tr>
<tr><td colspan="7"></td></tr>
</table>

A-10 능력단위 성적표

<table>
<tr><td>과정명</td><td>컴퓨터응용가공 산업기사</td><td colspan="2">교과목명</td><td colspan="2">3D CAD</td><td>능력단위</td><td colspan="2">3D 형상 모델링 작업</td></tr>
<tr><td rowspan="2">능력단위 요소</td><td>3D 형상 모델링 작업 준비하기</td><td colspan="2" rowspan="2">평가유형</td><td colspan="2" rowspan="2">포트폴리오</td><td rowspan="4">평가자</td><td colspan="2" rowspan="4">(서명)</td></tr>
<tr><td>3D 형상 모델링 작업하기</td></tr>
<tr><td rowspan="2">평가시간</td><td rowspan="2">1시간 20분</td><td rowspan="2">평가 일시</td><td>1차</td><td colspan="2"></td></tr>
<tr><td>2차</td><td colspan="2"></td></tr>
<tr><td rowspan="2">번호</td><td rowspan="2">성명</td><td colspan="2">능력단위 점수</td><td colspan="2">성취 수준</td><td colspan="3">Pass / Fail</td></tr>
<tr><td>1차</td><td>2차</td><td>1차</td><td>2차</td><td>1차</td><td colspan="2">2차</td></tr>
<tr><td>1</td><td></td><td></td><td></td><td></td><td></td><td></td><td colspan="2"></td></tr>
<tr><td>:</td><td></td><td></td><td></td><td></td><td></td><td></td><td colspan="2"></td></tr>
<tr><td>:</td><td></td><td></td><td></td><td></td><td></td><td></td><td colspan="2"></td></tr>
</table>

A-11 능력단위 수행평가서

<table>
<tr><td rowspan="2">학습자 명:</td><td rowspan="2">평가자 명:
(서명)</td><td colspan="3">평 가 일 시</td></tr>
<tr><td>1차</td><td>년 월 일</td><td></td></tr>
<tr><td rowspan="2">교과목명: 3D CAD</td><td rowspan="2">1501020113_16v3
3D 형상 모델링 작업</td><td>2차</td><td>년 월 일</td><td></td></tr>
<tr><td>3차</td><td>년 월 일</td><td></td></tr>
<tr><td colspan="2" rowspan="8">평가 방법:
본 평가는 단계별 자기평가의 학습 과정이 완료된 학습자에 대하여 평가를 합니다.
학습을 위한 준비에서부터 실습의 완료 후 동작 확인까지 아래 사항의 수행기준에 근거하여 학습자를 평가하여야 합니다.
(본 능력단위의 평가 방법 등을 안내하여 학습자로 하여금 학습 준비를 할 수 있도록 함)</td><td colspan="3">전체 평가(고정 내용으로서 임의 변경 불가)</td></tr>
<tr><td>성취수준</td><td colspan="2">수행 정도</td></tr>
<tr><td></td><td colspan="2">5. 해당 지식과 기술을 확실하게 습득하여 직무수행에 필요한 기술적 사고력과 문제해결력을 토대로 주도적으로 완벽한 작업을 수행할 수 있다.</td></tr>
<tr><td></td><td colspan="2">4. 해당 지식과 기술을 습득하여 직무수행에 필요한 기술적 사고력과 문제해결력을 토대로 작업을 수행할 수 있다.</td></tr>
<tr><td></td><td colspan="2">3. 해당 지식과 기술을 대부분 습득하여 직무수행에 필요한 지식과 기술을 가지고 대부분의 작업을 수행할 수 있다.</td></tr>
<tr><td></td><td colspan="2">2. 해당 지식과 기술을 부분적으로 습득하여 직무수행에 필요한 지식과 기술을 가지고 타인과 공동으로 작업을 수행할 수 있다.</td></tr>
<tr><td></td><td colspan="2">1. 해당 지식과 기술을 습득하는 데 부족함이 있어 타인의 도움을 받아야만 작업을 수행할 수 있다.</td></tr>
<tr><td colspan="3">평가자는 학습자의 달성 정도를 성취 수준에 표시한다.</td></tr>
</table>

평가 영역(단원명)	수 행 준 거	예	아니오
1501020113_16v3.1 3D 형상 모델링 작업 준비하기	1.1 명령어를 이용하여 3D CAD 프로그램을 사용자 환경에 맞도록 설정할 수 있다.		
	1.2 3D 형상 모델링에 필요한 부가 명령을 설정할 수 있다.		
	1.3 작업 환경에 적합한 템플릿을 제작하여 도면의 형식을 균일화 시킬 수 있다.		
	2.1 KS 및 ISO 관련 규격을 준수하여 형상을 모델링할 수 있다.		
	2.2 스케치 도구를 이용하여 디자인을 형상화할 수 있다.		
	2.3 디자인에 치수를 기입하여 치수에 맞게 형상을 수정할 수 있다.		
	2.4 기하학적 형상을 구속하여 원하는 형상을 유지시키거나 선택되는 요소에 다양한 구속 조건을 설정할 수 있다.		
	2.5 특징 형상 설계를 이용하여 요구되는 3D 형상 모델링을 완성할 수 있다.		
	2.6 연관 복사 기능을 이용하여 원하는 형상으로 편집하고 변환할 수 있다.		
	2.7 요구되는 형상과 비교, 검토하여 오류를 확인하고 발견되는 오류를 즉시 수정할 수 있다.		

9. 기본 측정기 사용

NCS 기반 평가도구 개발

[기본 측정기 사용(1502010504_14v2)]

- 제 출 일 : ______________________
- 소　　속 : ______________________
- 교과목명 : ______________________
- 개 발 자 : ______________________

[능력단위명: 기본 측정기 사용]

대분류	중분류	소분류	세분류
15. 기계	02. 기계가공	01. 절삭가공	05. 측정

A-1 능력단위 주요 평가영역 도출

<table>
<tr><th>구분</th><th colspan="6">내용</th></tr>
<tr><td>훈련 목표</td><td colspan="6">기계가공 전후의 결과를 기본 측정기를 이용하여 정량적으로 측정할 수 있다.</td></tr>
<tr><td>장비 · 재료</td><td colspan="6">• 길이 측정기
• 각도 측정기
• 형상 측정기(R게이지)
• 정반
• 검사 기록지
• 세정제
• 측정시편
• V-블록</td></tr>
<tr><td>평가 시 고려사항</td><td colspan="6">• 작업 표준서에 관한 지식
• 검사 표준서, QC 공정도, 제조 공정도에 관한 지식
• 도면해독 및 공차에 관한 지식
• 부품 공차와 측정기 정밀도에 관한 지식
• 측정기 사용 방법
• 측정기 0점 조정 방법
• 측정기준 설정기술
• 공학용 계산기 사용 방법</td></tr>
<tr><td>주요 평가 영역</td><td>지식</td><td></td><td>기술</td><td>○</td><td>태도</td><td>○</td></tr>
</table>

A-2 평가 방법 및 문항 수 도출

능력단위	능력단위 요소	주요 평가 영역			능력단위 요소 연계성	문항 수	평가 방법
		지식 (지필)	기술·태도 (수행관찰)	기술 (산출물)			
기본 측정기 사용	작업계획 파악하기		√		.1 .2 .3	1	포트폴리오
	측정기 선정하기			√	.1 .2 .3	1	포트폴리오
	기본 측정기 사용하기			√	.1 .2 .3		

A-3 능력단위 요소별 배점기준 도출

능력단위	능력단위 요소	훈련 필요성			합계 Ⓓ	배점 비중 (Ⓓ/Ⓔ)*100
		중요도 Ⓐ	난이도 Ⓑ	활용 빈도 Ⓒ		
		낮음 ↔ 보통 ↔ 높음 ① ② ③				
기본 측정기 사용	작업계획 파악하기	2	2	1	5	25
	측정기 선정하기	2	2	2	6	30
	기본 측정기 사용하기	3	3	3	9	45
계 Ⓔ		7	7	6	20	100

A-4 교수자용 평가 문항 개발

과정명	컴퓨터응용가공 산업기사	교과목명	측정	능력단위	기본 측정기 사용
능력단위 요소	1. 작업계획 파악하기	평가유형	포트폴리오	문항 수	5
평가 시간	20분	배점	25	평가자	(서명)

평가 문항 (수행 내용)

■ 측정 시편 도면

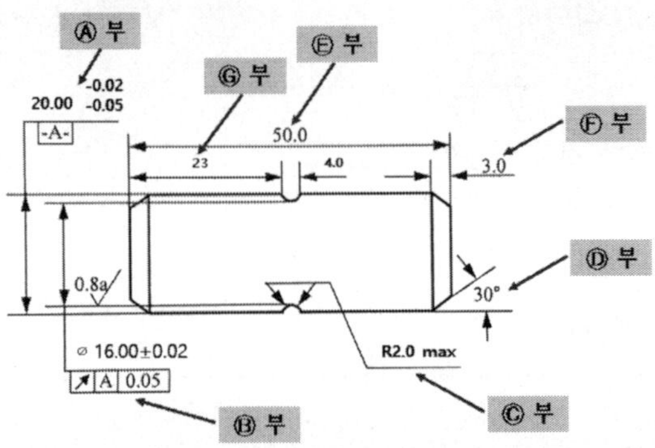

■ 평가기준

구분	평가기준	배점	득점
포토 폴리오 평가	1. 적합한 측정기 1가지 이상 작성하면 2점을 부여하고 측정 방법을 이해하고, 정답의 내용처럼 작성하면 3점으로 평가한다. 작성하지 못한 경우 0점으로 한다.	5	
	2. 데이텀 기호 ↗ 명칭을 정확하게 작성하면 2점, 측정기와 보조기구를 블록 게이지, 다이얼 테스트 엔디게이트(다이얼 게이지) 2가지 이상 작성하면 3점을 부여하고, 1가지만 작성하면 2점으로 평가한다.	5	
	3. 게이지 명칭은 R게이지 맞으면 2점 작성하지 못하면 0점, 측정 방법을 작성하면 3점, 작성하지 못하면 0점을 부여한다.	5	
	4. 각도 측정기 명칭은 베벨 각도기, 각도 게이지 중 1가지만 작성하면 2점 작성하지 못하면 0점, 측정 방법을 작성하면 3점, 작성하지 못하면 0점을 부여한다.	5	
	5. 길이 측정기 명칭을 3가지 버니어 캘리퍼스, 마이크로미터(25~50mm), 다이얼 게이지와 블록 게이지 작성하면 5점 2가지 작성하면 4점, 1가지만 작성하면 3점을 부여한다.	5	

■ 평가 시 유의사항

평가 시 유의사항 ②
1. 과제 평가 제한 시간은 20분으로 20분에서 2분 초과 시마다 1점 감점 5분 이상 초과 시 0점 2. 정확한 단어로 서술하고 오탈자인 경우 전체 문맥을 보고 판단하여 3개소마다 감점 1점 3. 기타 배점은 평가기준에 따라 적용 ※ 감점 시 배점 이상은 적용하지 않는다.

NCS 기반 평가도구 개발

평가 문항 (수행 내용)	■ 다음 측정 시편 도면을 보고 과제에서 제시한 내용을 요약하여 작성하시오. [과제 1] 도면의 Ⓐ 부를 측정할 때 적합한 측정기와 측정 방법을 작성하시오. [정답] 1. 적합한 측정기: 마이크로미터(0–25mm), 다이얼 테스트 인디 게이터, 블록 게이지 2. 측정 방법: - 마이크로미터 측정: "0"을 확인하고 마이크로미터를 이용하여 측정하고 눈금을 읽는다. - 다이얼 테스트 인디 게이터 측정 정반 위에 블록 게이지로 높이 20mm를 0점 세팅 한 후 Ⓐ 부를 비교 측정하는 방법으로 0.01mm까지 측정한다. [과제 2] 도면의 Ⓑ 부에서 테이텀 기호↗의 명칭을 작성하시오. [정답] 1. 데이텀 기호 ↗ 명칭: 원주 흔들림 공차 [과제 3] 도면의 Ⓒ 부의 형상을 측정할 때 사용되는 게이지의 명칭과 사용 방법을 작성하시오. [정답] 1. 게이지 명칭: R 게이지 2. 측정 방법: R 게이지로 형상 2R 형상을 찾아 가공 형상에 맞춰보면서 눈으로 정확도를 측정한다. [과제 4] 도면의 Ⓓ 부에서 각도를 측정하는 측정기를 작성하시오. [정답] 1. 각도 측정기 명칭: 베벨 각도기, 각도 게이지 [과제 5] 도면의 Ⓔ 부에서 길이를 측정하는 측정기의 종류를 2가지만 작성하시오. [정답] 1. 길이 측정기 명칭: 버니어 켈리퍼스, 마이크로미터(25~50mm), 다이얼 게이지와 블록 게이지

과정명	컴퓨터응용가공 산업기사	교과목명	측정	능력단위	기본 측정기 사용
능력단위 요소	2. 측정기 선정하기 3. 기본 측정기 사용하기	평가유형	포트폴리오	문항 수	1
평가 시간	30분	배점	75	평가자	(서명)

평가 문항 (수행 내용)

■ 다음 도면을 보고 측정 요소에 측정기를 사용하여 측정하시오.

[요구사항]

1. 과제: 측정 시편 기본 측정기로 측정
2. 작업 요소

가. 작업 준비 및 측정기 선정하기

- 측정 시편 준비: 측정 시편을 준비한다.
- 측정기 준비: 블록 게이지, 길이 측정기, 비교 측정기, 형상 측정기 등을 정반 위에 준비한다.
- 보조기구 준비: 알코올, 면 걸레, 하이트 게이지, V-블록, 평행대 등
- 기타 측정기 세팅에 필요한 드라이버 등을 준비한다.
- 측정 시편에 측정 요소에 적합한 측정기를 선정한다.
- 측정에 필요한 보조기구를 선정한다.

나. 기본 측정기 사용하여 측정하기

- 선정된 측정기의 "0" 점을 확인한다.
- 측정 오차를 줄이면서 측정한다.
- 5번의 측정값의 평균값을 구한다.
- 측정 데이터를 기록한다,

3. 세부 요구사항

- 시편에 공차가 표시되지 않은 부분은 ±0.10mm를 적용하여 측정한다.

제시 도면

■ 측정 시편 도면

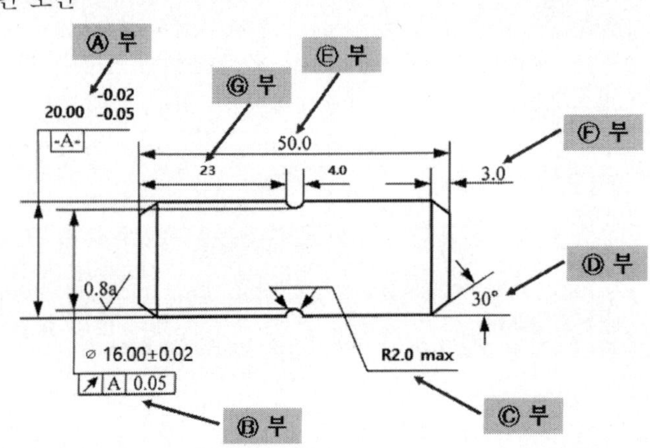

평가 기록 방법

평정법	체크리스트	행동 기록법	비고
V	V		

채점기준 — 평가 기준

1. 측정기 선정(작업 준비 포함)(30점)						
항목	순번	평가 항목	우수	보통	미흡	득점
측정기 선정	1	측정 시편 준비 상태	5	3	2	
	2	측정기 준비 상태	5	3	2	
	3	보조기구 준비 상태	5	3	2	
	4	측정기 선정	5	3	2	
	5	보조기구 선정	5	3	2	
	6	보조기구 선정	5	3	2	

2. 기본 측정기 사용(45점)											
항목	순번	측정항목	점수			1차 측정값	2차 측정값	3차 측정값	4차 측정값	평균값	득점
기본측정기 사용	7	Ⓐ	8	5	3						
	8	Ⓑ	7	5	3						
	9	Ⓒ	6	4	2						
	10	Ⓓ	6	4	2						
	11	Ⓔ	6	4	2						
	12	Ⓕ	6	4	2						
	13	Ⓖ	6	4	2						

측정 시간 평가

소요 시간(30분)

- 3분 초과(1점), 3분-5분 초과(2) 감점 5분 초과까지 적용

측정기 선정	기본 측정기 사용	계
30점	45점	75점

평가 시 유의사항

- 평가 기록 방법을 주관적 평가 항목은 평정법으로, 객관적 평가 항목은 체크리스트법으로 채점한다.
- 교수자는 측정 결과와 과정을 평가한 후 학생에게 그 결과를 피드백한다.
- 학습자는 제한 시간에 과제를 수행하고 안전을 고려하여 작업한다.

성취 기준

- 평정법 평가 항목 득점 부여: 5점(우수 5점, 보통 3점, 미흡 2점)을 적용하였다.
- 체크리스트의 평가 항목 득점 부여: Y/N(Y는 배점 점수 전부 부여, N은 0점)

점수 구간	90~100점	80~89점	70~79점	60~69점	60점 미만
성취 수준 환산	5	4	3	2	1

과제물 평가 결과

A-5 평가 공개자료

<table>
<tr><td>과정명</td><td>컴퓨터응용가공 산업기사</td><td>교과목명</td><td>측정</td><td>능력단위</td><td>기본 측정기 사용</td></tr>
<tr><td rowspan="3">능력단위 요소</td><td>작업계획 파악하기</td><td rowspan="3">평가유형</td><td rowspan="3">포트폴리오</td><td rowspan="3">학생명</td><td rowspan="3">(서명)</td></tr>
<tr><td>측정기 선정하기</td></tr>
<tr><td>기본 측정기 사용하기</td></tr>
<tr><td>평가 시간</td><td>50분</td><td>평가 일시</td><td></td><td>평가자</td><td>(서명)</td></tr>
<tr><td rowspan="2">평가 문항
(수행 내용)</td><td colspan="5">■ 다음 도면을 보고 측정을 위한 작업계획 수립에서 요구하는 내용을 작성하시오.

[1과제 요구사항]
1. 과제: 측정 시편 측정계획 수립
2. 작업 순서
가. 작업계획 수립을 위한 측정 요소의 측정기와 측정 방법 작성
- 작업계획을 수립하기 위해 측정부의 측정기, 측정 방법, 데이텀 기호 등의 측정 작업에 필요한 내용을 작성
3. 세부 요구사항
- 과제 평가 제한 시간은 20분으로 시간 초과 시 감점 적용
- 작성 시 정확한 단어로 서술하고 오탈자인 경우 감점 적용

[2과제 요구사항]
1. 과제: 측정 시편 기본 측정
2. 작업 요소
가. 작업 준비 및 측정기 선정하기
- 측정 시편과 측정기 준비: 측정 시편, 블록 게이지, 길이 측정기, 비교 측정기, 형상 측정기 등을 준비한다.
- 보조기구 준비: 알코올, 면 걸레, 하이트게이지, V-블록, 평행대 등
- 측정 시편에 측정 요소에 적합한 측정기를 선정과 보조기구를 선정한다.
나. 기본 측정기 사용하여 측정하기
- 측정기의 "0" 점을 확인, 측정 오차를 줄이면서 측정, 4번 측정 후 평균값 작성
3. 세부 요구사항
- 정밀한 측정을 위한 준비사항을 준수하면서 측정한다.</td></tr>
<tr><td colspan="5">제시 도면

■ 도면
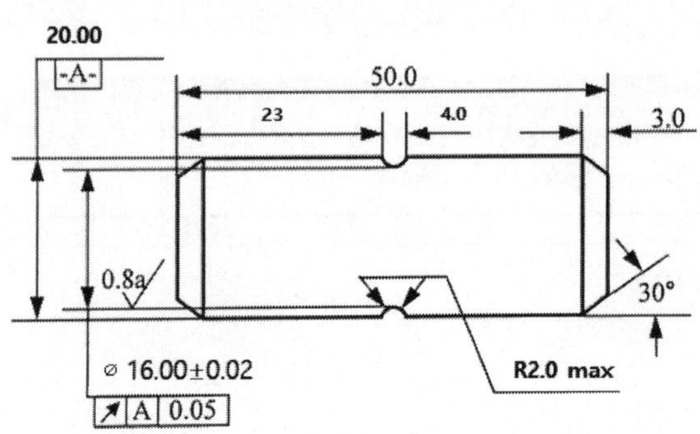
</td></tr>
</table>

NCS 기반 평가도구 개발

<table>
<tr><td rowspan="5">주요
평가 항목
및
배점</td><th>단원(능력단위 요소)</th><th>평가 요소</th><th>배점</th></tr>
<tr><td>작업계획 파악하기</td><td>작업 준비, 작업 태도, 작업 방법, 작업안전</td><td>25점</td></tr>
<tr><td>측정기 선정하기</td><td>정밀공차 작업, 일반공차 작업</td><td>30점</td></tr>
<tr><td>기본 측정기 사용하기</td><td>측정기 선정, 도면 치수 공차 적용 여부 측정</td><td>45점</td></tr>
<tr><td colspan="2">계</td><td>100점</td></tr>
</table>

A-6 내부평가 시험지

<table>
<tr><td>과정명</td><td>컴퓨터응용가공 산업기사</td><td>교과목명</td><td colspan="2">측정</td><td>능력단위</td><td>기본 측정기 사용</td></tr>
<tr><td>능력단위 요소</td><td>작업계획 파악하기</td><td>평가유형</td><td colspan="2">포트폴리오</td><td>학생명</td><td>(서명)</td></tr>
<tr><td rowspan="2">평가 시간</td><td rowspan="2">20분</td><td rowspan="2">평가 일시</td><td>1차</td><td></td><td rowspan="2">평가자</td><td rowspan="2">(서명)</td></tr>
<tr><td>2차</td><td></td></tr>
<tr><td>평가 문항
(수행 내용)</td><td colspan="6">■ 다음 측정 시편 도면을 보고 과제에서 제시한 내용을 요약하여 작성하시오.
[문제 1] 도면의 Ⓐ 부를 측정할 때 적합한 측정기와 측정 방법을 작성하시오.
[정답]
1. 적합한 측정기: 마이크로미터(0~25mm), 다이얼테스트인디게이터, 블록게이지
2. 측정 방법:
- 마이크로미터 측정: "0"을 확인하고 마이크로미터를 이용하여 측정하고 눈금을 읽는다.
- 다이얼 테스트 인디 게이터 측정: 정반위에 블록게이지로 높이 20mm를 0점 세팅 한 후 Ⓐ 부를 비교 측정하는 방법으로 0.01mm까지 측정한다.
[문제 2] 도면의 Ⓑ 부에서 테이텀 기호↗의 명칭을 작성하시오.
[정답]
1. 데이텀 기호 ↗ 명칭: 원주 흔들림 공차
[문제 3] 도면의 Ⓒ 부의 형상을 측정할 때 사용되는 게이지의 명칭과 사용 방법을 작성하시오.
[정답]
1. 게이지 명칭: R 게이지
2. 측정 방법: R 게이지로 형상 2R 형상을 찾아 가공 형상에 맞춰보면서 눈으로 정확도를 측정한다.
[문제 4] 도면의 Ⓓ 부에서 각도를 측정하는 측정기를 작성하시오.
[정답]
1. 각도 측정기 명칭: 베벨 각도기, 각도 게이지
[문제 5] 도면의 Ⓔ 부에서 길이를 측정하는 측정기의 종류를 2가지 이상 작성하시오.
[정답]
1. 길이 측정기 명칭: 버니어켈리퍼스, 마이크로미터(25~50mm), 다이얼게이지와 블록게이지</td></tr>
</table>

A-7 과제 평가표

과정명	컴퓨터응용가공 산업기사	교과목명		측정	능력단위	기본 측정기 사용
능력단위 요소	측정기 선정하기 기본 측정기 사용하기	평가 유형		포트폴리오	학생명	
평가 시간	30분	평가 일시	1차		평가자	(서명)
			2차			

평가 기록 방법

평정법	체크리스트	행동 기록법	비고
V	V		

채점 기준 — 평가 기준

1. 측정기 선정(작업 준비 포함)(30점)

항목	순번	평가 항목	우수	보통	미흡	득점
측정기 선정	1	측정 시편 준비 상태	5	3	2	
	2	측정기 준비 상태	5	3	2	
	3	보조기구 준비 상태	5	3	2	
	4	측정기 선정	5	3	2	
	5	보조기구 선정	5	3	2	
	6	보조기구 선정	5	3	2	

2. 기본 측정기 사용(45점)

항목	순번	측정항목	점수			1차 측정값	2차 측정값	3차 측정값	4차 측정값	평균값	득점
기본 측정기 사용	7	Ⓐ	8	5	3						
	8	Ⓑ	7	5	3						
	9	Ⓒ	6	4	2						
	10	Ⓓ	6	4	2						
	11	Ⓔ	6	4	2						
	12	Ⓕ	6	4	2						
	13	Ⓖ	6	4	2						

측정 시간 평가

소요 시간 (30분)

- 3분 초과(1점), 3-5분 초과(2) 감점 5분 초과까지 적용

측정기 선정	기본 측정기 사용	계
30점	45점	75점

평가 시 유의사항

- 평가 기록 방법을 주관적 평가 항목은 평정법으로, 객관적 평가 항목은 체크리스트법으로 채점한다.
- 교수자는 측정 결과와 과정을 평가한 후 학생에게 그 결과를 피드백한다.
- 학습자는 제한 시간에 과제를 수행하고 안전을 고려하여 작업한다.

성취 기준

- 평정법 평가 항목 득점 부여: 5점(우수 5점, 보통 3점, 미흡 2점)을 적용하였다.
- 체크리스트의 평가 항목 득점 부여: Y/N(Y는 배점 점수 전부 부여, N은 0점)

점수 구간	90~100점	80~89점	70~79점	60~69점	60점 미만
성취 수준 환산	5	4	3	2	1

과제물 평가결과

A-8 평가도구 채점표

과정명	컴퓨터응용가공 산업기사	교과목명		측정	능력단위	기본 측정기 사용
능력단위 요소	작업계획 파악하기 측정기 선정하기 기본 측정기 사용하기	평가 유형		포트폴리오	평가자	(서명)
평가 시간	50	평가 일시	1차			
			2차			

평가 차수	번호	배점 / 성명	평가 항목(순번) 배점 및 득점																		총점 (100)	성취 수준	Pass / Fail	훈련생 확인
			문1	문2	문3	문4	문5	1	2	3	4	5	6	7	8	9	10	11	12	13				
			5 ↕ 0	5 ↕ 0	5 ↕ 0	5 ↕ 0	5 ↕ 0	5 3 2	5 3 2	5 3 2	5 3 2	5 3 2	5 3 2	5 3 2	8 5 3	7 5 3	6 4 3	6 4 3	6 4 3	6 4 3				
1차 평가	1																							
	:																							
	:																							
	재평가 대상자																							

평가 차수	번호	배점 / 성명	평가 항목(순번) 배점 및 득점																		총점 (100)	성취 수준	Pass / Fail	훈련생 확인
			문1	문2	문3	문4	문5	1	2	3	4	5	6	7	8	9	10	11	12	13				
			5 ↕ 0	5 ↕ 0	5 ↕ 0	5 ↕ 0	5 ↕ 0	5 3 2	5 3 2	5 3 2	5 3 2	5 3 2	5 3 2	5 3 2	8 5 3	7 5 3	6 4 3	6 4 3	6 4 3	6 4 3				
2차 평가	1																							
	:																							
	:																							

A-9 평가자 의견 및 피드백

<table>
<tr><td>과정명</td><td>컴퓨터응용가공
산업기사</td><td>교과목명</td><td>측정</td><td>능력단위</td><td>기본 측정기 사용</td></tr>
<tr><td rowspan="3">능력단위
요소</td><td>작업계획 파악하기</td><td rowspan="3">평가유형</td><td rowspan="3">포트폴리오</td><td rowspan="4">평가자</td><td rowspan="4">(서명)</td></tr>
<tr><td>측정기 선정하기</td></tr>
<tr><td>기본 측정기 사용하기</td></tr>
<tr><td>평가 시간</td><td>1</td><td>평가 일시</td><td></td></tr>
</table>

번호	성명	평가자 의견 및 피드백 내용	훈련생 확인
1			(서명)
2			(서명)
3			(서명)
4			(서명)
5			(서명)
:			(서명)
:			(서명)
:			(서명)
:			(서명)
:			(서명)

CHAPTER 02

A-10 평가 증빙자료

<table>
<tr><td>과정명</td><td>컴퓨터응용가공 산업기사</td><td colspan="2">교과목명</td><td>측정</td><td>능력단위</td><td>기본 측정기 사용</td></tr>
<tr><td rowspan="3">능력단위 요소</td><td>작업계획 파악하기</td><td colspan="2" rowspan="3">평가유형</td><td rowspan="3">포트폴리오</td><td rowspan="5">평가자</td><td rowspan="5">(서명)</td></tr>
<tr><td>측정기 선정하기</td></tr>
<tr><td>기본 측정기 사용하기</td></tr>
<tr><td rowspan="2">평가 시간</td><td rowspan="2">50분</td><td rowspan="2">평가 일시</td><td>1차</td><td></td></tr>
<tr><td>2차</td><td></td></tr>
<tr><td colspan="7">사진</td></tr>
<tr><td colspan="7">1차 평가</td></tr>
<tr><td colspan="7"></td></tr>
</table>

A-11 능력단위 성적표

<table>
<tr><td>과정명</td><td>컴퓨터응용가공 산업기사</td><td colspan="2">교과목명</td><td colspan="2">측정</td><td>능력단위</td><td colspan="2">기본 측정기 사용</td></tr>
<tr><td rowspan="3">능력단위 요소</td><td>작업계획 파악하기</td><td colspan="2" rowspan="3">평가 유형</td><td colspan="2" rowspan="3">포트폴리오</td><td rowspan="5">평가자</td><td colspan="2" rowspan="5">(서명)</td></tr>
<tr><td>측정기 선정하기</td></tr>
<tr><td>기본 측정기 사용하기</td></tr>
<tr><td rowspan="2">평가 시간</td><td rowspan="2">50분</td><td rowspan="2">평가 일시</td><td>1차</td><td colspan="2"></td></tr>
<tr><td>2차</td><td colspan="2"></td></tr>
<tr><td rowspan="2">번호</td><td rowspan="2">성명</td><td colspan="2">능력단위 점수</td><td colspan="3">성취 수준</td><td colspan="2">Pass / Fail</td></tr>
<tr><td>1차</td><td>2차</td><td colspan="2">1차</td><td>2차</td><td>1차</td><td>2차</td></tr>
<tr><td>1</td><td></td><td></td><td></td><td colspan="2"></td><td></td><td></td><td></td></tr>
<tr><td>:</td><td></td><td></td><td></td><td colspan="2"></td><td></td><td></td><td></td></tr>
<tr><td>:</td><td></td><td></td><td></td><td colspan="2"></td><td></td><td></td><td></td></tr>
<tr><td>:</td><td></td><td></td><td></td><td colspan="2"></td><td></td><td></td><td></td></tr>
<tr><td>:</td><td></td><td></td><td></td><td colspan="2"></td><td></td><td></td><td></td></tr>
<tr><td>:</td><td></td><td></td><td></td><td colspan="2"></td><td></td><td></td><td></td></tr>
</table>

A-12 능력단위 수행평가서

<table>
<tr><td rowspan="2">학습자 명:</td><td rowspan="2">평가자 명:
(서명)</td><td colspan="3">평 가 일 시</td></tr>
<tr><td>1차</td><td>년 월 일</td><td></td></tr>
<tr><td rowspan="2">교과목명: 측정</td><td rowspan="2">1502010504_14v2
기본 측정기 사용</td><td>2차</td><td>년 월 일</td><td></td></tr>
<tr><td>3차</td><td>년 월 일</td><td></td></tr>
<tr><td colspan="2" rowspan="9">평가 방법.
본 평가는 단계별 자기평가의 학습 과정이 완료된 학습자에 대하여 평가를 합니다.
학습을 위한 준비에서부터 실습의 완료 후 동작 확인까지 아래 사항의 수행기준에 근거하여 학습자를 평가하여야 합니다.
(본 능력단위의 평가 방법 등을 안내하여 학습자로 하여금 학습 준비를 할 수 있도록 함)</td><td colspan="3">전체 평가(고정 내용으로서 임의 변경 불가)</td></tr>
<tr><td>성취 수준</td><td colspan="2">수행 정도</td></tr>
<tr><td></td><td colspan="2">5. 해당 지식과 기술을 확실하게 습득하여 직무수행에 필요한 기술적 사고력과 문제해결력을 토대로 주도적으로 완벽한 작업을 수행할 수 있다.</td></tr>
<tr><td></td><td colspan="2">4. 해당 지식과 기술을 습득하여 직무수행에 필요한 기술적 사고력과 문제해결력을 토대로 작업을 수행할 수 있다.</td></tr>
<tr><td></td><td colspan="2">3. 해당 지식과 기술을 대부분 습득하여 직무수행에 필요한 지식과 기술을 가지고 대부분의 작업을 수행할 수 있다.</td></tr>
<tr><td></td><td colspan="2">2. 해당 지식과 기술을 부분적으로 습득하여 직무수행에 필요한 지식과 기술을 가지고 타인과 공동으로 작업을 수행할 수 있다.</td></tr>
<tr><td></td><td colspan="2">1. 해당 지식과 기술을 습득하는 데 부족함이 있어 타인의 도움을 받아야만 작업을 수행할 수 있다.</td></tr>
<tr><td colspan="3">평가자는 학습자의 달성 정도를 성취 수준에 표시한다.</td></tr>
</table>

평가 영역(단원명)	수 행 준 거	예	아니오
1502010504_14v2.1 작업계획 파악하기	1.1 작업 표준서와 도면으로부터 측정하고자 하는 부분을 파악할 수 있다.		
	1.2 작업 표준서와 도면으로부터 측정 방법을 파악할 수 있다.		
1502010504_14v2.2 측정기 선정하기	2.1 제품의 형상과 측정 범위, 허용공차, 치수 정도에 알맞은 측정기를 선정할 수 있다.		
	2.2 측정에 필요한 보조기구를 선정할 수 있다.		
1502010504_14v2.3 기본 측정기 사용하기	3.1 측정에 적합하도록 측정물을 설치할 수 있다.		
	3.2 측정기의 0점 세팅을 수행할 수 있다.		
	3.3 측정 오차 요인이 측정기나 공작물에 영향을 주지 않도록 조치할 수 있다.		
	3.4 작업 표준 또는 측정기의 사용법에 따라 측정을 수행할 수 있다.		
	3.5 측정기 지시값을 읽을 수 있다.		
	3.6 측정된 결과가 도면의 요구사항에 부합하는지 판단할 수 있다.		

CHAPTER 3.

컴퓨터응용가공 산업기사 선택능력단위 평가도구

1. 기본 작업(밀링가공)
2. 엔드밀 가공
3. 기본 작업(선반가공)
4. 단순 형상 작업

1. 기본 작업(밀링 가공)

NCS 기반 평가도구 개발

[기본 작업(밀링 가공)(1502010204_16v4)]

- 제 출 일 : ______________________
- 소 속 : ______________________
- 교과목명 : ______________________
- 개 발 자 : ______________________

포트폴리오 평가도구 개발

【능력단위명: 기본 작업(밀링 가공)】

대분류	중분류	소분류	세분류
15. 기계	02. 기계가공	01. 절삭가공	02. 밀링가공

A-1 능력단위 주요 평가영역 도출

구분	내용					
교육훈련 목표	밀링 작업에서 반숙련공이 수행하는 전반적인 작업 수행을 할 수 있다.					
장비 · 재료	• 밀링장비 • 측정기류(버니어캘리퍼스, 마이크로미터) • 고정구 • 절삭공구(페이스커터, 엔드밀, 드릴 등) • 안전 보호장비 • 연강 • 알루미늄(35*35*53) • 절삭유 • 윤활유					
평가 시 고려사항	• 절삭 조건 및 절삭 순서를 선정하기 위한 지식 • 절삭공구와 절삭공구의 각도를 설정할 수 있는 지식 • 밀링 작동 방법 • 정밀가공 및 특수 기계가공에 대한 지식 • 고정구의 종류 • 측정기 사용 방법 • 철강 재료에 대한 지식 • 비철금속에 대한 지식					
주요 평가 영역	지식		기술	○	태도	○

A-2 평가 방법 및 문항 수 도출

능력단위	능력단위 요소	주요 평가 영역			능력단위 요소 연계성	문항 수	평가 방법
		지식 (지필)	기술·태도 (수행관찰)	기술 (산출물)			
기본 작업 (밀링가공)	작업 준비하기		√		.1 .2 .3	1	포트폴리오 (작업형)
	본 가공 수행하기			√	.1 .2 .3		
	검사 · 수정하기			√	.1 .2 .3		

A-3 능력단위 요소별 배첨기준 도출

능력단위	능력단위 요소	훈련 필요성			합계 Ⓓ	배점 비중 (Ⓓ/Ⓔ)*100
		중요도 Ⓐ	난이도 Ⓑ	활용 빈도 Ⓒ		
		낮음 ↔ 보통 ↔ 높음 ① ② ③				
기본 작업 (밀링가공)	작업 준비하기	2	2	1	5	25
	본 가공 수행하기	3	3	3	9	45
	검사 · 수정하기	2	2	2	6	30
계 Ⓔ		7	7	6	20	100

A-4 교수자용 평가 문항 개발

<table>
<tr><th>과정명</th><td>컴퓨터응용가공 산업기사</td><th>교과목명</th><td>밀링</td><th>능력단위</th><td>기본 작업
(밀링가공)</td></tr>
<tr><th>능력단위 요소</th><td>작업 준비하기
본 가공 수행하기
검사 · 수정하기</td><th>평가유형</th><td>포트폴리오
(작업형)</td><th>문항 수</th><td>1</td></tr>
<tr><th>평가 시간</th><td>1</td><th>배점</th><td>100</td><th>평가자</th><td>(서명)</td></tr>
<tr><th rowspan="3">평가 문항
(수행 내용)</th><td colspan="5">■ 다음 도면을 보고 밀링 공구를 사용하여 끼워 맞춤 부품을 가공하시오.
[요구사항]
1. 과제: 끼워 맞춤 부품 가공
2. 작업 순서
가. 작업 준비
- 공작물 준비: 가공물의 크기를 확인하고 바이스에 고정한다.
- 절삭공구를 선정하고 주축에 고정한다.
- 육면체를 가공하고 기준면을 설정한다.
- 절삭 조건을 설정한다.
나. 본 가공 수행하기
- 엔드밀을 이용하여 홈 가공을 하시오.
- T홈 공구를 이용하여 T홈을 가공하시오.
다. 검사 · 수정하기
- 가공된 공작물의 평가표를 가지고 측정하시오.
- 측정값을 확인하고 수정이 필요한 경우 재가공하고 측정하시오.
3. 세부 요구사항
- 도면의 치수의 공차가 기입되지 않은 부위는 ±0.15mm를 적용하여 가공하시오.
- 모따기는 조립부는 01.mm, 조립 외 부위는 0.3mm로 가공하시오.
- 포트폴리오는 과제 제출 후 3일 이내로 작성하여 제출한다.</td></tr>
<tr><th colspan="5">제시 도면</th></tr>
<tr><td colspan="5">■ 정면도
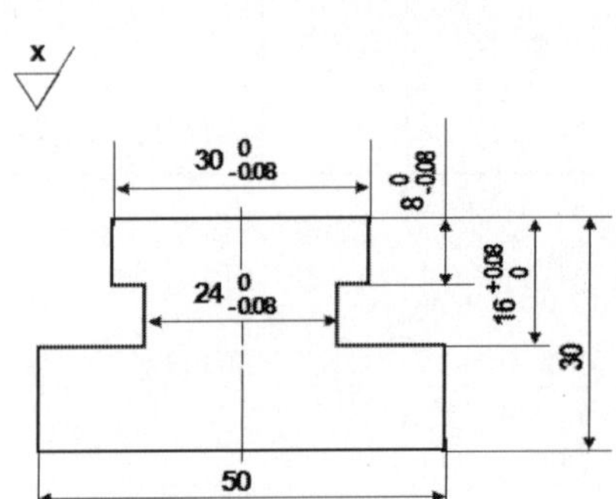

■ 우측면도
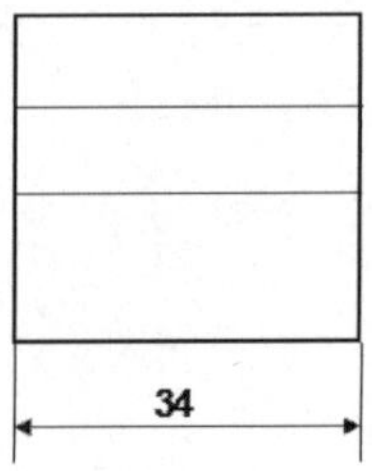
</td></tr>
</table>

평가 기록 방법

평정법	체크리스트	행동 기록법	비고
V	V		

채점기준

평가 기준

본 가공 평가(45점)

항목	순번	도면 치수	측정 치수	배점	득점
정밀 치수	6	360 0 - 0.		6	
	7	8 0 - 0.		6	
	8	16 + 0 0		6	
	9	24 -		7	
일반 치수	10	30±0.15		4	
	11	34±0.15		4	
	12	50±0.15		4	
	13	3±0.15		4	
	14	3±0.15		4	

작업 준비 평가(25)

순번	항 목	상	중	하	득점
1	공구 선택	5	3	2	
2	공작물 설치	5	3	2	
3	공구 설치	5	3	2	
4	육면체 작업	5	3	2	
5	안전사항준수	5	3	2	

검사 · 수정 평가(30점)

순번	항 목	상	중	하	득점
15	측정기 선정	5	3	2	
16	측정 방법	5	3	2	
17	외 관	5	3	2	
18	공차 적용	5	3	2	
19	직각도 검사	5	3	2	
20	평면도 검사	5	3	2	

시간 평가

소요 시간(60분)

- 5분 초과마다 (2)점 감점 15분 초과까지 적용

작업 준비평가	본 가공 평가	검사 · 수정 평가	계
25점	45점	30점	100점

평가 시 유의사항

- 평가 기록 방법을 주관적 평가 항목은 평정법으로, 객관적 평가 항목은 체크리스트법으로 채점한다.
- 교수자는 작품 제작 과정을 평가한 후 학생에게 그 결과를 피드백한다.
- 학습자는 제한 시간에 과제를 수행하고 안전을 고려하여 안전장구를 착용한 후 작업한다.

성취기준

- 평정법 평가 항목 득점 부여: 3점(상, 중, 하)을 적용하였다.
- 체크리스트의 평가 항목 득점 부여: Y/N(Y는 배점 점수 전부 부여, N은 0점)

점수 구간	90~100점	80~89점	70~79점	60~69점	60점 미만
성취 수준 환산	5	4	3	2	1

과제물 평가 결과 (예시)

CHAPTER 03

A-5 평가 공개자료

<table>
<tr><td>과정명</td><td>컴퓨터응용가공 산업기사</td><td>교과목명</td><td>밀링</td><td>능력단위</td><td>기본 작업
(밀링가공)</td></tr>
<tr><td>능력단위
요소</td><td>작업 준비하기
본 가공 수행하기
검사 · 수정하기</td><td>평가 유형</td><td>포트폴리오
(작업형)</td><td>학생명</td><td>(서명)</td></tr>
<tr><td>평가 시간</td><td>4</td><td>평가 일시</td><td>100</td><td>평가자</td><td>(서명)</td></tr>
<tr><td rowspan="3">평가 문항
(수행 내용)</td><td colspan="5">■ 다음 도면을 보고 밀링 공구를 사용하여 끼워 맞춤 부품을 가공하시오.
[요구사항]
1. 과제: 끼워 맞춤 부품 가공
2. 작업 순서
가. 작업 준비
- 공작물 준비: 가공물의 크기를 확인하고 바이스에 고정하시오.
- 절삭공구를 선정하고 주축에 고정하시오.
- 육면체를 가공하고 기준면을 설정하시오.
- 절삭 조건을 설정하시오.
나. 본 가공 수행하기
- 엔드밀을 이용하여 홈 가공을 하시오.
- 바이스를 선회하여 각도 가공을 하시오.
- T홈 공구를 이용하여 T홈을 가공하시오.
다. 검사 · 수정하기
- 가공된 공작물의 평가표를 가지고 측정하시오.
- 측정값을 확인하고 수정이 필요한 경우 재가공하고 측정하시오.
3. 세부 요구사항
- 도면의 치수의 공차가 기입되지 않은 부위는 ±0.1mm를 적용하여 가공하시오.
- 모따기는 조립부는 01.mm, 조립 외 부위는 0.3mm로 가공하시오.
- 포트폴리오는 과제 제출 후 3일 이내로 작성하여 제출한다.</td></tr>
<tr><td colspan="5">제시 도면</td></tr>
<tr><td colspan="5">■ 도면
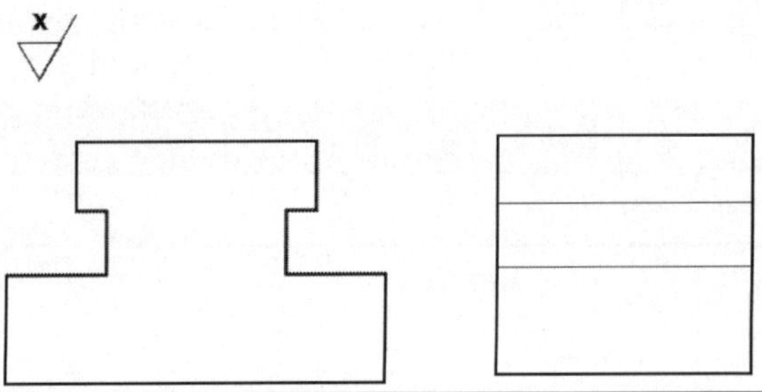
</td></tr>
</table>

주요 평가 항목 및 배점			
	단원(능력단위 요소)	평가 요소	배점
	작업 준비하기	작업 준비, 작업 태도, 작업 방법, 작업 안전	25점
	본 가공 수행하기	정밀공차 작업, 일반공차 작업	45점
	검사 · 수정하기	측정기 선정, 도면 치수 공차 적용 여부 측정	30점
	계		100점
	※ 과제에 대한 포트폴리오를 작성하여 결과물 제출 후 3일 이내로 작성하여 제출하시오.		

A-6 내부평가 시험지

<table>
<tr><td>과정명</td><td>컴퓨터응용가공 산업기사</td><td>교과목명</td><td>밀링</td><td>능력단위</td><td>기본 작업
(밀링가공)</td></tr>
<tr><td>능력단위 요소</td><td>작업 준비하기
본 가공 수행하기
검사 · 수정하기</td><td>평가 유형</td><td>포트폴리오
(작업형)</td><td>문항수</td><td>1</td></tr>
<tr><td>평가 시간</td><td>1</td><td>배점</td><td>100</td><td>평가자</td><td>(서명)</td></tr>
</table>

평가 문항 (수행 내용)

■ 다음 도면을 보고 밀링 공구를 사용하여 끼워 맞춤 부품을 가공하시오.

[요구사항]

1. 과제: 끼워 맞춤 부품 가공
2. 작업 순서
 가. 작업 준비
  - 공작물 준비: 가공물의 크기를 확인하고 바이스에 고정한다.
  - 절삭공구를 선정하고 주축에 고정한다.
  - 육면체를 가공하고 기준면을 설정한다.
  - 절삭 조건을 설정한다.
 나. 본 가공 수행하기
  - 엔드밀을 이용하여 홈 가공을 하시오.
  - T홈 공구를 이용하여 T홈을 가공하시오.
 다. 검사 · 수정하기
  - 가공된 공작물의 평가표를 가지고 측정하시오.
  - 측정값을 확인하고 수정이 필요한 경우 재가공하고 측정하시오.
3. 세부 요구사항
  - 도면의 치수의 공차가 기입되지 않은 부위는 ±0.15mm를 적용하여 가공하시오.
  - 모따기는 조립부는 01.mm, 조립 외 부위는 0.3mm로 가공하시오.
  - 포트폴리오는 과제 제출 후 3일 이내로 작성하여 제출한다.

제시 도면

■ 정면도

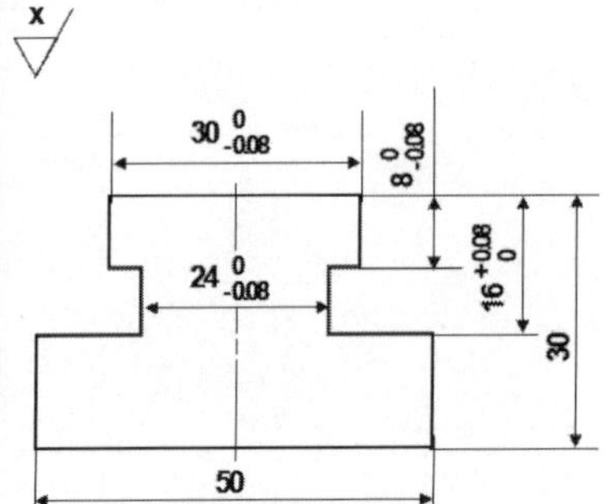

■ 우측면도

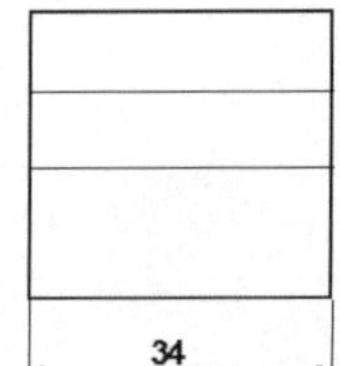

A-7 과제 평가표

과정명	컴퓨터응용가공 산업기사	교과목명		밀링	능력단위	기본 작업(밀링가공)
능력단위 요소	작업 준비하기 본 가공 수행하기 검사 · 수정하기	평가유형		포트폴리오 (작업형)	학생명	
평가 시간	1	평가 일시	1차		평가자	(서명)
			2차			

능력단위 요소	평가 요소	순번	평가 항목 (채점 항목)	배점 상	배점 중	배점 하	1차 평가	2차 평가	득점 1차	득점 2차
작업 준비	공구 선택	1	작업 준비 상태	5	3	2				
	공작물 설치	2	공작물 설치	5	3	2				
	공구 설치	3	공구 설치	5	3	2				
	육면체 작업	4	육면체 가공	5	3	2				
	안전사항 준수	5	작업 안전 준수	5	3	2				
	소 계(25점)									

능력단위 요소	평가 요소	순번	평가 항목 (채점 항목)	배점		1차 평가	2차 평가	득점 1차	득점 2차
본 가공 수행하기	정밀치수	6	$30^{0}_{-0.08}$	8	0				
		7	$8^{0}_{-0.08}$	8	0				
		8	$16^{+0.08}_{0}$	8	0				
		9	$24^{0}_{-0.08}$	7	0				
	일반치수	10	30±0.15	3	0				
		11	34±0.15	3	0				
		12	50±0.15	3	0				
		13	3±0.15	3	0				
		14	3±0.15	2	0				
	소 계(45점)								

능력단위 요소	평가 요소	순번	평가 항목 (채점 항목)	배점 상	배점 중	배점 하	1차 평가	2차 평가	득점 1차	득점 2차
검사 · 수정하기	측정기 선정	15	측정기 선정	5	3	2				
	측정 방법	18	측정 방법	5	3	2				
	외 관	19	외 관	5	3	2				
	공차 적용	20	공차 적용	5	3	2				
	직각도 검사	21	직각도 검사	5	3	2				
	평면도 검사	22	평면도 검사	5	3	2				
	소 계(30점)									
최종 점수										

평가자 의견 및 피드백		훈련생 확인
		(서명)

A-8 평가도구 채점표

과정명	컴퓨터응용가공 산업기사	교과목명		밀링	능력단위	기본 작업(밀링가공)
능력단위 요소	작업 준비하기 본 가공 수행하기 검사 · 수정하기	평가 유형		포트폴리오	평가자	(서명)
평가 시간	1	평가 일시	1차			
			2차			

평가 차수	번호	배점 / 성명	1	2	3	4	5	6	7	8	9	10	11	12	13	14	15	16	17	18	19	20	총점 (100)	성취 수준	Pass / Fail	훈련생 확인
		평가 항목(순번) 배점 및 득점	5 3 2	5 3 2	5 3 2	5 3 2	5 3 2	8 0	8 0	8 0	7 0	3 0	3 0	3 0	3 0	2 0	5 3 2	5 3 2	5 3 2	5 3 2	5 3 2	5 3 2				
1차 평가	1																									(서명)
	:																									(서명)
	:																									(서명)
	재평가 대상자																									(서명)

평가 차수	번호	배점 / 성명	1	2	3	4	5	6	7	8	9	10	11	12	13	14	15	16	17	18	19	20	총점 (100)	성취 수준	Pass / Fail	훈련생 확인
		평가 항목(순번) 배점 및 득점	5 3 2	5 3 2	5 3 2	5 3 2	5 3 2	8 0	8 0	8 0	7 0	3 0	3 0	3 0	3 0	2 0	5 3 2	5 3 2	5 3 2	5 3 2	5 3 2	5 3 2				
2차 평가	1																									(서명)
	:																									(서명)
	:																									(서명)

A-9 평가자 의견 및 피드백

<table>
<tr><th>과정명</th><td>컴퓨터응용가공
산업기사</td><th>교과목명</th><td>밀링</td><th>능력단위</th><td>기본 작업
(밀링가공)</td></tr>
<tr><th rowspan="3">능력단위
요소</th><td>작업 준비하기</td><th rowspan="3">평가 유형</th><td rowspan="3">포트폴리오</td><th rowspan="4">평가자</th><td rowspan="4">(서명)</td></tr>
<tr><td>본 가공 수행하기</td></tr>
<tr><td>검사 · 수정하기</td></tr>
<tr><th>평가 시간</th><td>1</td><th>평가 일시</th><td></td></tr>
</table>

번호	성명	평가자 의견 및 피드백 내용	훈련생 확인
1			
2			
3			
4			
5			
:			
:			
:			
:			
:			

CHAPTER 03

A-10 평가 증빙자료

<table>
<tr><td>과정명</td><td>컴퓨터응용가공 산업기사</td><td colspan="2">교과목명</td><td>밀링</td><td>능력단위</td><td>기본 작업(밀링가공)</td></tr>
<tr><td rowspan="3">능력단위
요소</td><td>작업 준비하기</td><td colspan="2" rowspan="3">평가유형</td><td rowspan="3">포트폴리오
(작업형)</td><td rowspan="5">평가자</td><td rowspan="5">(서명)</td></tr>
<tr><td>본 가공 수행하기</td></tr>
<tr><td>검사 · 수정하기</td></tr>
<tr><td rowspan="2">평가 시간</td><td rowspan="2">1</td><td rowspan="2">평가
일시</td><td>1차</td><td></td></tr>
<tr><td>2차</td><td></td></tr>
<tr><td colspan="7">사진</td></tr>
<tr><td colspan="7">1차 평가</td></tr>
<tr><td colspan="7"></td></tr>
</table>

A-11 능력단위 성적표

<table>
<tr><td>과정명</td><td>컴퓨터응용가공 산업기사</td><td colspan="2">교과목명</td><td colspan="2">밀링</td><td>능력단위</td><td colspan="2">기본 작업(밀링가공)</td></tr>
<tr><td rowspan="3">능력단위
요소</td><td>작업 준비하기</td><td colspan="2" rowspan="3">평가 유형</td><td colspan="2" rowspan="3">포트폴리오
(작업형)</td><td rowspan="5">평가자</td><td colspan="2" rowspan="5">(서명)</td></tr>
<tr><td>본 가공 수행하기</td></tr>
<tr><td>검사 · 수정하기</td></tr>
<tr><td rowspan="2">평가 시간</td><td rowspan="2">1</td><td rowspan="2">평가
일시</td><td>1차</td><td colspan="2"></td></tr>
<tr><td>2차</td><td colspan="2"></td></tr>
<tr><td rowspan="2">번호</td><td rowspan="2">성명</td><td colspan="2">능력단위 점수</td><td colspan="3">성취 수준</td><td colspan="2">Pass / Fail</td></tr>
<tr><td>1차</td><td>2차</td><td>1차</td><td colspan="2">2차</td><td>1차</td><td>2차</td></tr>
<tr><td>1</td><td></td><td></td><td></td><td></td><td colspan="2"></td><td></td><td></td></tr>
<tr><td>2</td><td></td><td></td><td></td><td></td><td colspan="2"></td><td></td><td></td></tr>
<tr><td>:</td><td></td><td></td><td></td><td></td><td colspan="2"></td><td></td><td></td></tr>
<tr><td>:</td><td></td><td></td><td></td><td></td><td colspan="2"></td><td></td><td></td></tr>
</table>

A-12 능력단위 수행평가서

<table>
<tr><td rowspan="2">학습자 명:</td><td rowspan="2">평가자 명:
(서명)</td><td colspan="3">평 가 일 시</td></tr>
<tr><td>1차</td><td>년 월 일</td><td></td></tr>
<tr><td rowspan="2">교과목명: 밀링</td><td rowspan="2">기본 작업(밀링가공)</td><td>2차</td><td>년 월 일</td><td></td></tr>
<tr><td>3차</td><td>년 월 일</td><td></td></tr>
<tr><td colspan="2" rowspan="8">평가 방법:
본 평가는 단계별 자기평가의 학습 과정이 완료된 학습자에 대하여 평가를 합니다.
학습을 위한 준비에서부터 실습의 완료 후 동작 확인까지 아래 사항의 수행기준에 근거하여 학습자를 평가하여야 합니다.
(본 능력단위의 평가 방법 등을 안내하여 학습자로 하여금 학습 준비를 할 수 있도록 함)</td><td colspan="3">전체 평가(고정 내용으로서 임의 변경 불가)</td></tr>
<tr><td>성취 수준</td><td colspan="2">수행정도</td></tr>
<tr><td></td><td colspan="2">5. 해당 지식과 기술을 확실하게 습득하여 직무수행에 필요한 기술적 사고력과 문제해결력을 토대로 주도적으로 완벽한 작업을 수행할 수 있다.</td></tr>
<tr><td></td><td colspan="2">4. 해당 지식과 기술을 습득하여 직무수행에 필요한 기술적 사고력과 문제해결력을 토대로 작업을 수행할 수 있다.</td></tr>
<tr><td></td><td colspan="2">3. 해당 지식과 기술을 대부분 습득하여 직무수행에 필요한 지식과 기술을 가지고 대부분의 작업을 수행할 수 있다.</td></tr>
<tr><td></td><td colspan="2">2. 해당 지식과 기술을 부분적으로 습득하여 직무수행에 필요한 지식과 기술을 가지고 타인과 공동으로 작업을 수행할 수 있다.</td></tr>
<tr><td></td><td colspan="2">1. 해당 지식과 기술을 습득하는 데 부족함이 있어 타인의 도움을 받아야만 작업을 수행할 수 있다.</td></tr>
<tr><td colspan="3">평가자는 학습자의 달성 정도를 성취 수준에 표시한다.</td></tr>
</table>

평가 영역(단원명)	수 행 준 거	예	아니오
1502010204_16v4.1 작업 준비하기	1.1 제품의 형상에 적합한 공구를 선택할 수 있다.		
	1.2 공작물의 설치 방법에 따라 공작물을 설치할 수 있다.		
	1.3 절삭공구를 작업 순서를 고려하여 설치할 수 있다.		
	1.4 도면에 의해서 제품의 형상, 특성에 따른 기준면을 설정할 수 있다.		
1502010204_16v4.2 본 가공 수행하기	2.1 작업 요구사항과 작업 표준서에 의거하여 장비를 설정할 수 있다.		
	2.2 작업 절차서, 작업 지시서, 감독자의 지시로부터 절삭 조건을 결정할 수 있다.		
	2.3 절삭 조건이 부적합할 경우 수정할 수 있다.		
	2.4 작업 안전에 유의하여 작업 절차서, 작업 지시서, 감독자의 지시에 따라 공작물을 설치할 수 있다.		
	2.5 기준면 가공에 적합한 절삭 조건을 산출하고 적용할 수 있다.		
	2.6 작업 절차서, 작업 시지서, 감독자의 지시에 따라 공작물을 가공할 수 있다.		
	2.7 수동 작업 시 절삭 조건을 충족할 수 있도록 이송 속도, 이송 범위, 절삭 깊이, 회전수를 조절할 수 있다.		
	2.8 이상 발생 시 작업 표준서에 의거하여 조치를 취하거나 상급자에게 보고할 수 있다.		
	2.9 상황에 따라 건식 및 습식 절삭을 수행할 수 있다.		
	2.10 공구사용기준에 맞게 일상적인 유지관리를 수행할 수 있다.		
1502010204_16v4.3 검사 · 수정하기	3.1 측정 대상별 측정 방법과 측정기의 종류를 파악하여 측정 오차가 생기지 않도록 측정할 수 있다.		
	3.2 공구 수명 단축 원인 및 가공 치수 불량의 원인을 파악하고 적절한 대처 방안을 강구할 수 있다.		
	3.3 측정 후 불량 부위 발생 시 보고를 하고 수정 여부를 수행할 수 있다.		

2. 엔드밀 가공

NCS 기반 평가도구 개발

[엔드밀 가공(1502010207_16v4)]

- 제 출 일 : ______________________
- 소 속 : ______________________
- 교과목명 : ______________________
- 개 발 자 : ______________________

【능력단위명: 엔드밀 가공】

대분류	중분류	소분류	세분류
15. 기계	02. 기계가공	01. 절삭가공	02. 밀링가공

A-1 능력단위 주요 평가영역 도출

구분	내용					
훈련 목표	밀링 작업에서 반숙련공이 수행하는 전반적인 작업 수행을 할 수 있다.					
장비·재료	• 밀링장비 • 측정기류(버니어캘리퍼스, 마이크로미터) • 고정구 • 절삭공구(페이스커터, 엔드밀, 드릴 등) • 안전 보호장비 • 알루미늄(□30×37×48) • 절삭유 • 윤활유					
평가 시 고려사항	• 절삭 조건 및 절삭 순서를 선정하기 위한 지식 • 절삭공구와 절삭공구의 각도를 설정할 수 있는 지식 • 밀링 작동 방법 • 정밀가공 및 특수 기계가공에 대한 지식 • 고정구의 종류 • 측정기 사용 방법 • 철강 재료에 대한 지식 • 비철금속에 대한 지식					
주요 평가 영역	지식		기술	○	태도	○

A-2 평가 방법 및 문항 수 도출

능력단위	능력단위 요소	주요 평가 영역			능력단위 요소 연계성	문항 수	평가 방법
		지식 (지필)	기술·태도 (수행관찰)	기술 (산출물)			
엔드밀 가공	작업 준비하기		√		.1 .2 .3	1	포트폴리오
	본 가공 수행하기			√	.1 .2 .3		
	검사·수정하기			√	.1 .2 .3		

A-3 능력단위 요소별 배점기준 도출

능력단위	능력단위 요소	훈련 필요성			합계 Ⓓ	배점 비중 (Ⓓ/Ⓔ)*100
		중요도 Ⓐ	난이도 Ⓑ	활용 빈도 Ⓒ		
		낮음 ↔ 보통 ↔ 높음 ① ② ③				
엔드밀 가공	작업 준비하기	2	2	1	5	25
	본 가공 수행하기	3	3	3	9	45
	검사·수정하기	2	2	2	6	30
계 Ⓔ		7	7	6	20	100

CHAPTER 03

A-4 교수자용 평가 문항 개발

<table>
<tr><td>과정명</td><td>컴퓨터응용가공 산업기사</td><td>교과목명</td><td>밀링</td><td>능력단위</td><td>엔드밀 가공</td></tr>
<tr><td rowspan="3">능력단위 요소</td><td>작업 준비하기</td><td rowspan="3">평가 유형</td><td rowspan="3">포트폴리오
(작업형)</td><td rowspan="3">문항수</td><td rowspan="3">1</td></tr>
<tr><td>본 가공 수행하기</td></tr>
<tr><td>검사 · 수정하기</td></tr>
<tr><td>평가 시간</td><td>1</td><td>배점</td><td>100</td><td>평가자</td><td>(서명)</td></tr>
<tr><td rowspan="3">평가 문항
(수행 내용)</td><td colspan="5">■ 다음 도면을 보고 밀링공구를 사용하여 끼워 맞춤 부품을 가공하시오.
[요구사항]
1. 과제: 끼워 맞춤(2) 부품 가공
2. 작업 순서
가. 작업 준비
- 공작물 준비: 가공물의 크기를 확인하고 바이스에 고정한다.
- 절삭공구를 선정하고 주축에 고정한다.
- 육면체를 가공하고 기준면을 설정한다.
- 절삭 조건을 설정한다.
나. 본 가공 수행하기
- 엔드밀을 이용하여 홈 가공을 하시오.
- 더브테일 공구를 이용하여 더브테일 홈을 가공하시오.
다. 검사 · 수정하기
- 가공된 공작물의 평가표를 가지고 측정하시오.
- 측정값을 확인하고 수정이 필요한 경우 재가공하고 측정하시오
3. 세부 요구사항
- 도면의 치수의 공차가 기입되지 않은 부위는 ±0.15mm를 적용하여 가공하시오.
- 모따기는 조립부는 01.mm, 조립 외 부위는 0.3mm로 가공하시오.
- 포트폴리오는 과제 제출 후 3일 이내로 작성하여 제출한다.</td></tr>
<tr><td colspan="5">제시 도면</td></tr>
<tr><td colspan="5">■ 도면
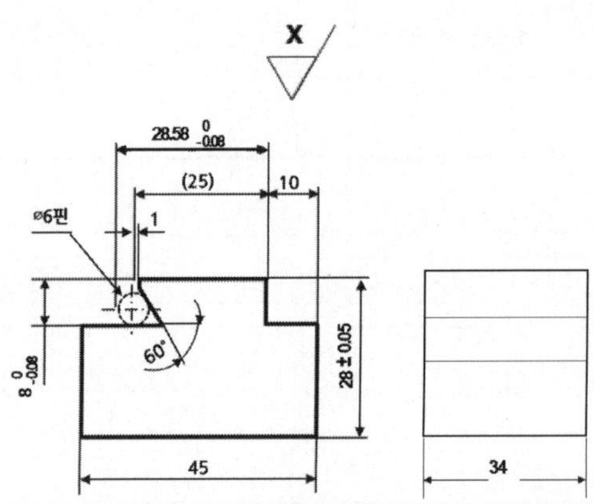
</td></tr>
</table>

평가 기록 방법

평정법	체크리스트	행동 기록법	비고
V	V		

채점기준

평가 기준

본 가공 평가(45점)					
항목	순번	도면 치수	측정 치수	배점	득점
정밀 치수	6	$28.58^{\ 0}_{-0.08}$		10	
	7	$8^{\ 0}_{-0.08}$		10	
	8	28±0.15		10	
일반 치수	9	34±0.15		5	
	10	45±0.15		5	
	11	10±0.15		5	

작업 준비 평가(25)					
순번	항목	상	중	하	득점
1	공구 선택	5	3	2	
2	공작물 설치	5	3	2	
3	공구 설치	5	3	2	
4	유면체 작업	5	3	2	
5	안전사항준수	5	3	2	

검사 · 수정 평가(30점)					
순번	항목	상	중	하	득점
12	측정기 선정	5	3	2	
13	측정 방법	5	3	2	
14	외 관	5	3	2	
15	공차 적용	5	3	2	
16	직각도 검사	5	3	2	
17	평면도 검사	5	3	2	

시간 평가
소요 시간(60분)
- 5분 초과마다 (2)점 감점 15분 초과까지 적용

작업 준비평가	본 가공 평가	검사 · 수정 평가	계
25점	50점	30점	100점

평가 시 유의사항

- 평가 기록 방법을 주관적 평가 항목은 평정법으로, 객관적 평가 항목은 체크리스트법으로 채점한다.
- 교수자는 작품 제작 과정을 평가한 후 학생에게 그 결과를 피드백한다.
- 학습자는 제한 시간에 과제를 수행하고 안전을 고려하여 안전장구를 착용한 후 작업한다.

성취기준

- 평정법 평가 항목 득점 부여: 3점(상, 중, 하)을 적용하였다.
- 체크리스트의 평가 항목 득점 부여: Y/N(Y는 배점 점수 전부 부여, N은 0점)

점수 구간	90~100점	80~89점	70~79점	60~69점	60점 미만
성취 수준 환산	5	4	3	2	1

과제물 평가 결과 (예시)

A-5 평가 공개자료

<table>
<tr><td>과정명</td><td>컴퓨터응용가공 산업기사</td><td>교과목명</td><td>밀링</td><td>능력단위</td><td>엔드밀 가공</td></tr>
<tr><td>능력단위 요소</td><td>작업 준비하기
본 가공 수행하기
검사 · 수정하기</td><td>평가 유형</td><td>포트폴리오
(작업형)</td><td>학생명</td><td>(서명)</td></tr>
<tr><td>평가 시간</td><td>1</td><td>평가 일시</td><td>100</td><td>평가자</td><td>(서명)</td></tr>
<tr><td rowspan="3">평가문항
(수행내용)</td><td colspan="5">■ 다음 도면을 보고 밀링공구를 사용하여 끼워 맞춤 부품을 가공하시오.
[요구사항]
1. 과제: 끼워 맞춤(2) 부품 가공
2. 작업 순서
가. 작업 준비
- 공작물 준비: 가공물의 크기를 확인하고 바이스에 고정한다.
- 절삭공구를 선정하고 주축에 고정한다.
- 육면체를 가공하고 기준면을 설정한다.
- 절삭 조건을 설정한다.
나. 본 가공 수행하기
- 엔드밀을 이용하여 홈 가공을 하시오.
- 더브테일 공구를 이용하여 더브테일 홈을 가공하시오.
다. 검사 · 수정하기
- 가공된 공작물의 평가표를 가지고 측정하시오.
- 측정값을 확인하고 수정이 필요한 경우 재가공하고 측정하시오.
3. 세부 요구사항
- 도면의 치수의 공차가 기입되지 않은 부위는 ±0.15mm를 적용하여 가공하시오.
- 모따기는 조립부는 01.mm, 조립 외 부위는 0.3mm로 가공하시오.
- 포트폴리오는 과제 제출 후 3일 이내로 작성하여 제출한다.</td></tr>
<tr><td colspan="5">제시 도면</td></tr>
<tr><td colspan="5">■ 도면
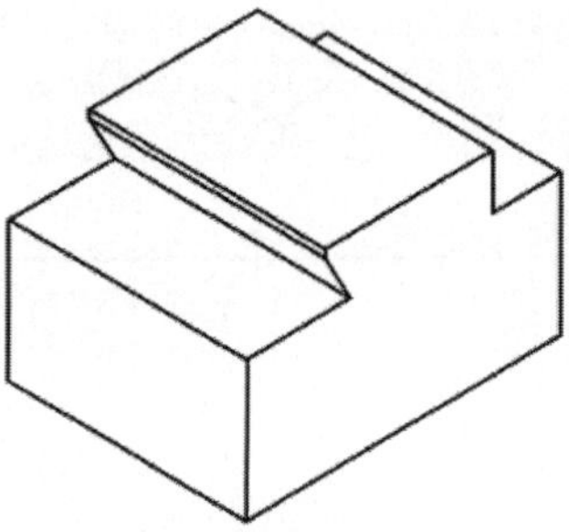</td></tr>
</table>

NCS 기반 평가도구 개발

주요 평가 항목 및 배점	단원(능력단위 요소)	평가 요소	배점
	작업 준비하기	작업 준비, 작업 태도, 작업 방법, 작업 안전	25
	본 가공 수행하기	정밀공차 작업, 일반공차 작업	45
	검사·수정하기	측정기 선정, 도면 치수 공차 적용 여부 측정	30
	계		100점

※ 과제에 대한 포트폴리오를 작성하여 결과물 제출 후 3일 이내로 작성하여 제출하시오.

A-6 내부평가 시험지

과정명	컴퓨터응용가공 산업기사	교과목명	밀링	능력단위	엔드밀 가공
능력단위 요소	작업 준비하기 본 가공 수행하기 검사 · 수정하기	평가 유형	포트폴리오 (작업형)	학생명	
평가시간	2	배점	100	평가자	(서명)

평가 문항 (수행 내용)

■ 다음 도면을 보고 밀링공구를 사용하여 끼워 맞춤 부품을 가공하시오.

[요구사항]

1. 과제: 끼워 맞춤(2) 부품 가공
2. 작업 순서
 가. 작업 준비
  - 공작물 준비: 가공물의 크기를 확인하고 바이스에 고정한다.
  - 절삭공구를 선정하고 주축에 고정한다.
  - 육면체를 가공하고 기준면을 설정한다.
  - 절삭 조건을 설정한다.
 나. 본 가공 수행하기
  - 엔드밀을 이용하여 홈 가공을 하시오.
  - 더브테일 공구를 이용하여 더브테일 홈을 가공하시오.
 다. 검사 · 수정하기
  - 가공된 공작물의 평가표를 가지고 측정하시오.
  - 측정값을 확인하고 수정이 필요한 경우 재가공하고 측정하시오.
3. 세부 요구사항
  - 도면의 치수의 공차가 기입되지 않은 부위는 ±0.15mm를 적용하여 가공하시오.
  - 모따기는 조립부는 01.mm, 조립 외 부위는 0.3mm로 가공하시오.
  - 포트폴리오는 과제 제출 후 3일 이내로 작성하여 제출한다.

제시 도면

■ 도면

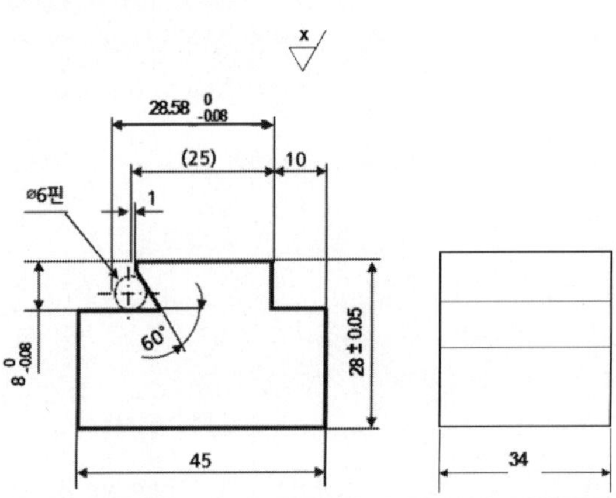

A-7 과제 평가표

과정명	컴퓨터응용가공 산업기사	교과목명		밀링	능력단위	엔드밀 가공
능력단위 요소	작업 준비하기 본 가공 수행하기 검사 · 수정하기	평가 유형		포트폴리오 (작업형)	학생명	
평가시간	1	평가 일시	1차	2020.7.13	평가자	(서명)
			2차			

능력단위요소	평가 요소	순번	평가 항목 (채점 항목)	배점 상	배점 중	배점 하	1차 평가	2차 평가	득점 1차	득점 2차
작업 준비	공구 선택	1	작업 준비 상태	5	3	2				
	공작물 설치	2	공작물 설치	5	3	2				
	공구 설치	3	공구 설치	5	3	2				
	육면체 작업	4	육면체 가공	5	3	2				
	안전사항 준수	5	작업 안전 준수	5	3	2				
	소 계(25점)									

능력단위요소	평가 요소	순번	평가 항목 (채점 항목)	배점		1차 평가	2차 평가	득점 1차	득점 2차
본 가공 수행하기	정밀치수	6	$28.58^{0}_{-0.08}$	10	0				
		7	$8^{0}_{-0.08}$	10	0				
		8	28±0.15	10	0				
	일반치수	9	34±0.15	5	0				
		10	45±0.15	5	0				
		11	10±0.15	5	0				
	소 계(45점)								

능력단위요소	평가 요소	순번	평가항목 (채점항목)	배점 상	배점 중	배점 하	1차 평가	2차 평가	득점 1차	득점 2차
검사 · 수정하기	측정기 선정	12	측정기 선정	5	3	2				
	측정 방법	13	측정 방법	5	3	2				
	외 관	14	외 관	5	3	2				
	공차 적용	15	공차 적용	5	3	2				
	직각도 검사	16	직각도 검사	5	3	2				
	평면도 검사	17	평면도 검사	5	3	2				
	소 계(30점)									
최종 점수										

평가자 의견 및 피드백		훈련생 확인
		(서명)

A-8 평가도구 채점표

과정명	컴퓨터응용가공 산업기사	교과목명		밀링	능력단위	엔드밀 가공
능력단위 요소	작업 준비하기 본 가공 수행하기 검사 · 수정하기	평가 유형		포트폴리오 (작업형)	평가자	(서명)
평가 시간	1	평가 일시	1차			
			2차			

평가 차수	번호	배점 / 성명	평가 항목(순번) 배점 및 득점																		총점 (100)	성취 수준	Pass / Fail	훈련생 확인
			1	2	3	4	5	6	7	8	9	10	11	12	13	14	15	16	17	시간초과				
			5 3 2	5 3 2	5 3 2	5 3 2	5 3 2	10 0	10 0	10 0	5 0	5 0	5 0	5 3 2	5 3 2	5 3 2	5 3 2	5 3 2	5 3 2					
2차 평가	1																							(서명)
	:																							(서명)
	:																							(서명)
	재평가 대상자																							(서명)

평가 차수	번호	배점 / 성명	평가 항목(순번) 배점 및 득점																		총점 (100)	성취 수준	Pass / Fail	훈련생 확인
			1	2	3	4	5	6	7	8	9	10	11	12	13	14	15	16	17	시간초과				
			5 3 2	5 3 2	5 3 2	5 3 2	5 3 2	10 0	10 0	10 0	5 0	5 0	5 0	5 3 2	5 3 2	5 3 2	5 3 2	5 3 2	5 3 2					
2차 평가	1																							(서명)
	:																							(서명)
	:																							(서명)

A-9 평가자 의견 및 피드백

<table>
<tr><td>과정명</td><td colspan="2">컴퓨터응용가공 산업기사</td><td>교과목명</td><td>밀링</td><td>능력단위</td><td>엔드밀 가공</td></tr>
<tr><td rowspan="3">능력단위 요소</td><td colspan="2">작업 준비하기</td><td rowspan="3">평가 유형</td><td rowspan="3">포트폴리오 (작업형)</td><td rowspan="4">평가자</td><td rowspan="4">(서명)</td></tr>
<tr><td colspan="2">본 가공 수행하기</td></tr>
<tr><td colspan="2">검사 · 수정하기</td></tr>
<tr><td>평가 시간</td><td colspan="2">1</td><td>평가 일시</td><td></td></tr>
<tr><td>번호</td><td>성명</td><td colspan="4">평가자 의견 및 피드백 내용</td><td>훈련생 확인</td></tr>
<tr><td>1</td><td></td><td colspan="4"></td><td>(서명)</td></tr>
<tr><td>2</td><td></td><td colspan="4"></td><td>(서명)</td></tr>
<tr><td>3</td><td></td><td colspan="4"></td><td>(서명)</td></tr>
<tr><td>4</td><td></td><td colspan="4"></td><td>(서명)</td></tr>
<tr><td>5</td><td></td><td colspan="4"></td><td>(서명)</td></tr>
<tr><td>:</td><td></td><td colspan="4"></td><td>(서명)</td></tr>
<tr><td>:</td><td></td><td colspan="4"></td><td>(서명)</td></tr>
<tr><td>:</td><td></td><td colspan="4"></td><td>(서명)</td></tr>
<tr><td>:</td><td></td><td colspan="4"></td><td>(서명)</td></tr>
<tr><td>:</td><td></td><td colspan="4"></td><td>(서명)</td></tr>
</table>

A-10 평가 증빙자료

<table>
<tr><td>과정명</td><td>컴퓨터응용가공 산업기사</td><td colspan="2">교과목명</td><td>밀링</td><td>능력단위</td><td>엔드밀 가공</td></tr>
<tr><td rowspan="3">능력단위 요소</td><td>작업 준비하기</td><td colspan="2" rowspan="3">평가 유형</td><td rowspan="3">포트폴리오 (작업형)</td><td rowspan="5">평가자</td><td rowspan="5">(서명)</td></tr>
<tr><td>본 가공 수행하기</td></tr>
<tr><td>검사 · 수정하기</td></tr>
<tr><td rowspan="2">평가 시간</td><td rowspan="2">1</td><td rowspan="2">평가 일시</td><td>1차</td><td></td></tr>
<tr><td>2차</td><td></td></tr>
<tr><td colspan="7">사진</td></tr>
<tr><td colspan="7">1차 평가</td></tr>
<tr><td colspan="7"></td></tr>
</table>

A-11 능력단위 성적표

<table>
<tr><td>과정명</td><td>컴퓨터응용가공 산업기사</td><td colspan="2">교과목명</td><td colspan="2">밀링</td><td>능력단위</td><td colspan="2">엔드밀 가공</td></tr>
<tr><td rowspan="3">능력단위 요소</td><td>작업 준비하기</td><td colspan="2" rowspan="3">평가 유형</td><td colspan="2" rowspan="3">포트폴리오 (작업형)</td><td rowspan="5">평가자</td><td colspan="2" rowspan="5">(서명)</td></tr>
<tr><td>본 가공 수행하기</td></tr>
<tr><td>검사 · 수정하기</td></tr>
<tr><td rowspan="2">평가 시간</td><td rowspan="2">1</td><td rowspan="2">평가 일시</td><td>1차</td><td colspan="2"></td></tr>
<tr><td>2차</td><td colspan="2"></td></tr>
<tr><td rowspan="2">번호</td><td rowspan="2">성명</td><td colspan="2">능력단위 점수</td><td colspan="2">성취 수준</td><td colspan="3">Pass / Fail</td></tr>
<tr><td>1차</td><td>2차</td><td>1차</td><td>2차</td><td>1차</td><td colspan="2">2차</td></tr>
<tr><td>1</td><td></td><td></td><td></td><td></td><td></td><td></td><td colspan="2"></td></tr>
<tr><td>2</td><td></td><td></td><td></td><td></td><td></td><td></td><td colspan="2"></td></tr>
<tr><td>3</td><td></td><td></td><td></td><td></td><td></td><td></td><td colspan="2"></td></tr>
<tr><td>:</td><td></td><td></td><td></td><td></td><td></td><td></td><td colspan="2"></td></tr>
<tr><td>:</td><td></td><td></td><td></td><td></td><td></td><td></td><td colspan="2"></td></tr>
</table>

A-12 능력단위 수행평가서

<table>
<tr><td rowspan="2">학습자 명 :</td><td rowspan="2">평가자 명:
(서명)</td><td colspan="3">평 가 일 시</td></tr>
<tr><td>1차</td><td>년 월 일</td><td></td></tr>
<tr><td rowspan="2">교과목명: 밀링</td><td rowspan="2">1502010207_16v4
엔드밀 가공</td><td>2차</td><td>년 월 일</td><td></td></tr>
<tr><td>3차</td><td>년 월 일</td><td></td></tr>
<tr><td colspan="2" rowspan="8">평가 방법:
본 평가는 단계별 자기평가의 학습 과정이 완료된 학습자에 대하여 평가를 합니다.
학습을 위한 준비에서부터 실습의 완료 후 동작 확인까지 아래 사항의 수행기준에 근거하여 학습자를 평가하여야 합니다.
(본 능력단위의 평가 방법 등을 안내하여 학습자로 하여금 학습 준비를 할 수 있도록 함)</td><td colspan="3">전체 평가(고정 내용으로서 임의 변경 불가)</td></tr>
<tr><td>성취 수준</td><td colspan="2">수행정도</td></tr>
<tr><td></td><td colspan="2">5. 해당 지식과 기술을 확실하게 습득하여 직무수행에 필요한 기술적 사고력과 문제해결력을 토대로 주도적으로 완벽한 작업을 수행할 수 있다.</td></tr>
<tr><td></td><td colspan="2">4. 해당 지식과 기술을 습득하여 직무수행에 필요한 기술적 사고력과 문제해결력을 토대로 작업을 수행할 수 있다.</td></tr>
<tr><td></td><td colspan="2">3. 해당 지식과 기술을 대부분 습득하여 직무수행에 필요한 지식과 기술을 가지고 대부분의 작업을 수행할 수 있다.</td></tr>
<tr><td></td><td colspan="2">2. 해당 지식과 기술을 부분적으로 습득하여 직무수행에 필요한 지식과 기술을 가지고 타인과 공동으로 작업을 수행할 수 있다.</td></tr>
<tr><td></td><td colspan="2">1. 해당 지식과 기술을 습득하는 데 부족함이 있어 타인의 도움을 받아야만 작업을 수행할 수 있다.</td></tr>
<tr><td colspan="3">평가자는 학습자의 달성 정도를 성취 수준에 표시한다.</td></tr>
</table>

평가 영역(단원명)	수 행 준 거	예	아니오
1502010207_16v4.1 작업 준비하기	1.1 제품의 형상에 적합한 공구를 선택할 수 있다.		
	1.2 공작물의 설치 방법에 따라 공작물을 설치할 수 있다.		
	1.3 작업 순서를 고려하여 절삭공구를 설치할 수 있다.		
	1.4 도면에 의해서 제품의 형상, 특성에 따른 기준면을 설정할 수 있다.		
	1.5 도면, 작업 지시서에 지정된 X, Y, Z축의 가공 시작점을 설정할 수 있다.		
	1.6 도면에 의거 엔드밀 작업 범위를 설정하여 작업 순서를 수립할 수 있다.		
1502010207_16v4.2 본 가공 수행하기	2.1 작업 요구사항과 작업 표준서에 의거하여 장비를 설정하고, 가공 작업을 수행할 수 있다.		
	2.2 수동 작업 시 절삭 조건을 충족할 수 있도록 이송 속도, 이송 범위, 절삭 깊이를 조절할 수 있다.		
	2.3 이상 발생 시 작업 표준서에 의거하여 조치를 취하고 보고할 수 있다.		
	2.4 절삭 조건이 부적합할 경우 수정할 수 있다.		
	2.5 끼워 맞춤의 종류와 방식을 이해하고 기계적인 용도에 맞추어 가공할 수 있다.		
1502010207_16v4.3 검사 · 수정하기	3.1 측정 대상별 측정 방법과 측정기의 종류를 파악하여 측정 오차가 생기지 않도록 측정할 수 있다.		
	3.2 공구 수명 단축 원인과 가공 치수 불량의 원인을 파악하고 적절한 대처 방안을 강구할 수 있다.		
	3.3 측정 후 불량 부위 발생 시 수정 여부를 결정할 수 있다.		
	3.4 측정용 핀을 이용하여 더브테일의 각도를 측정할 수 있다.		

3. 기본 작업(선반 가공)

NCS 기반 평가도구 개발

[기본 작업(선반 가공)(1502010104_16v4)]

- 제 출 일 : ______________________
- 소 속 : ______________________
- 교과목명 : ______________________
- 개 발 자 : ______________________

포트폴리오 평가도구 개발

【능력단위명: 기본 작업(선반 가공)】

대분류	중분류	소분류	세분류
15. 기계	02. 기계가공	01. 절삭가공	01. 선반가공

A-1 능력단위 주요 평가영역 도출

<table>
<tr><th>구분</th><th colspan="6">내용</th></tr>
<tr><td>훈련 목표</td><td colspan="6">선반 작업에서 수행하는 전반적인 작업 수행을 할 수 있다.</td></tr>
<tr><td>장비·재료</td><td colspan="6">• 선반장비
• 측정기류(버니어캘리퍼스, 마이크로미터)
• 절삭공구(외경 바이트, 홈 바이트, 절단 바이트 등)
• 안전 보호장비</td></tr>
<tr><td>평가 시 고려사항</td><td colspan="6">• 절삭 조건 및 절삭 순서를 선정하기 위한 지식
• 절삭공구와 절삭공구의 각도를 설정할 수 있는 지식
• 선반 작동 방법
• 정밀가공 및 특수 기계가공에 대한 지식
• 공구 선정 기술
• 공구 고정 방법
• 공구 수명에 대한 지식
• 절삭 온도 및 절삭제에 대한 지식
• 측정기 종류 및 사용 방법</td></tr>
<tr><td>주요 평가 영역</td><td>지식</td><td></td><td>기술</td><td>○</td><td>태도</td><td>○</td></tr>
</table>

A-2 평가 방법 및 문항 수 도출

능력단위	능력단위 요소	주요 평가 영역			능력단위 요소 연계성	문항 수	평가 방법
		지식 (지필)	기술·태도 (수행관찰)	기술 (산출물)			
기본 작업 (선반가공)	작업 준비하기		√		.1 .2 .3	1	포트폴리오
	본 가공 수행하기			√	.1 .2 .3		
	검사 · 수정하기			√	.1 .2 .3		

A-3 능력단위 요소별 배점기준 도출

능력단위	능력단위 요소	훈련 필요성			합계 Ⓓ	배점 비중 (Ⓓ/Ⓔ)*100
		중요도 Ⓐ	난이도 Ⓑ	활용 빈도 Ⓒ		
		낮음 ↔ 보통 ↔ 높음 ① ② ③				
기본 작업 (선반가공)	작업 준비하기	1	1	1	3	17
	본 가공 수행하기	3	3	3	9	50
	검사 · 수정하기	2	2	2	6	33
계 Ⓔ		6	6	6	18	100

CHAPTER 03

A-4 교수자용 평가 문항 개발

<table>
<tr><td>과정명</td><td>컴퓨터응용가공 산업기사</td><td>교과목명</td><td>선반</td><td>능력단위</td><td>기본 작업
(선반가공)</td></tr>
<tr><td>능력단위 요소</td><td>작업 준비하기
본 가공 수행하기
검사 · 수정하기</td><td>평가 유형</td><td>포트폴리오
(작업형)</td><td>문항 수</td><td>1</td></tr>
<tr><td>평가 시간</td><td>1</td><td>배점</td><td>100</td><td>평가자</td><td>(서명)</td></tr>
<tr><td rowspan="3">평가 문항
(수행 내용)</td><td colspan="5">■ 다음 도면을 보고 외경 황삭과 정삭 바이트와 모따기 바이트를 사용하여 계단 축을 가공하시오.
[요구사항]
1. 과제: 계단 축 가공에 대한 포트폴리오 작성
2. 작업 순서
가. 작업 준비
- 공작물 준비: 가공물의 크기를 확인하고 척에 고정한다.
- 절삭공구를 선정하고 공구대에 고정한다.
- 가공면의 기준면을 설정하고 가공한다.
- 절삭 조건을 설정한다.
나. 본 가공 수행하기
- 가공면의 기준면을 설정하고 가공하시오.
- 센터 작업을 하고 심압대 라이브센터를 이용하여 가공하시오.
- 외경 황삭 바이트로 도면 치수에서 정삭 가공 여유 감안하여 황삭 가공한다.
(황삭 가공 시 버니어캘리퍼스로 측정하면서 가공)
- 외경 정삭 바이트로 도면 치수로 가공하시오.
(정삭 가공 시 버니어캘리퍼스와 마이크로미터로 측정하면서 가공)
- 모따기 바이트로 모따기 작업을 하시오.
- 단면 가공하고 돌려 물려 도면의 치수로 가공하여 완성하시오.
다. 검사 · 수정하기
- 가공된 공작물의 평가표를 가지고 측정하시오.
- 측정값을 확인하고 수정이 필요한 경우 재가공하고 측정하시오.
3. 세부 요구사항
- 도면의 치수의 공차가 기입되지 않은 부위는 ±0.1mm를 적용하여 가공한다.
- 전체 길이 105mm는 일반공차 ±0.2mm를 적용하여 가공한다.
- 포트폴리오는 과제 제출 후 3일 이내로 작성하여 제출한다.</td></tr>
<tr><td colspan="5">제시 도면</td></tr>
<tr><td colspan="5">■ 도면
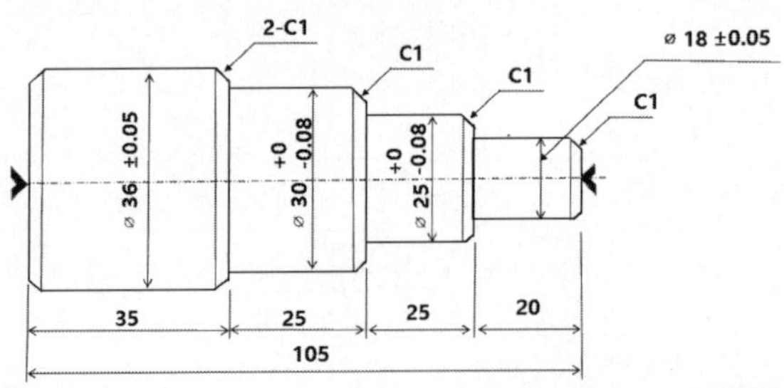
</td></tr>
</table>

NCS 기반 평가도구 개발

평가 기록 방법	평정법	체크리스트	행동 기록법	비고
	V	V		

채점기준 (평가기준)

본 가공 평가(50점)

항목	순번	도면 치수	측정 치수	배점	득점
정밀 치수	5	18±0.05		5	
	6	2[illegible] $^{+0}_{-0.08}$		5	
	7	3[illegible] $^{+0}_{-0.08}$		5	
	8	36±0.05		5	
일반 치수	9	20±0.1		3	
	10	25±0.1		3	
	11	25±0.1		3	
	12	35±0.1		3	
	13	105±0.2		3	
	14	C1±0.1		3	
	15	C1±0.1		3	
	16	C1±0.1		3	
	17	C1±0.1		3	
	18	C1±0.1		3	

작업 준비 평가(17점)

순번	항 목	상	중	하	득점
1	작업 준비	5	3	2	
2	작업 태도	4	3	2	
3	작업 방법	4	3	2	
4	작업 안전	4	3	2	

검사 · 수정 평가(33점)

순번	항 목	상	중	하	득점
19	측정기 선정	7	5	3	
20	측정 방법	8	6	4	
21	외 관	6	3	2	
22	공차 적용	6	3	2	
23	직각/평면	6	3	2	

시간 평가

소요 시간(60분)

- 5분 초과마다 (2)점 감점 15분 초과까지 적용

작업 준비평가	본 가공 평가	검사 · 수정 평가	계
17점	50점	33점	100점

평가 시 유의사항

- 평가 기록 방법을 주관적 평가 항목은 평정법으로, 객관적 평가 항목은 체크리스트법으로 채점한다.
- 교수자는 작품 제작 과정을 평가한 후 학생에게 그 결과를 피드백한다.
- 학습자는 제한 시간에 과제를 수행하고 안전을 고려하여 안전장구를 착용한 후 작업한다.

성취기준

- 평정법 평가 항목 득점 부여: 3점(상, 중, 하)을 적용하였다.
- 체크리스트의 평가 항목 득점 부여: Y/N(Y는 배점 점수 전부 부여, N은 0점)

점수 구간	90~100점	80~89점	70~79점	60~69점	60점 미만
성취 수준 환산	5	4	3	2	1

과제물 결과 (예시)

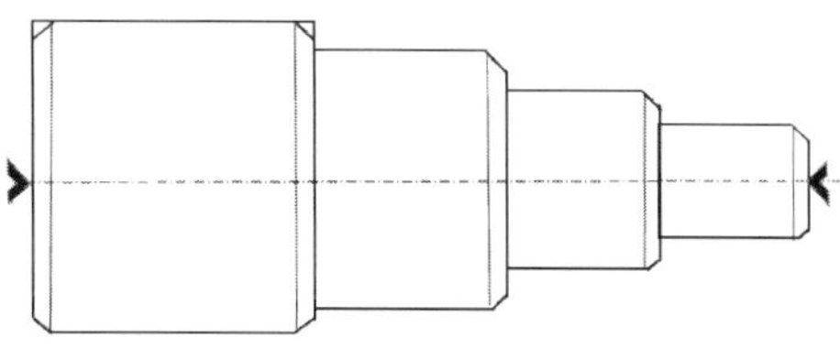

A-5 평가 공개자료

<table>
<tr><td>과정명</td><td>컴퓨터응용가공 산업기사</td><td>교과목명</td><td>선반</td><td>능력단위</td><td>기본 작업
(선반가공)</td></tr>
<tr><td>능력단위 요소</td><td>작업 준비하기
본 가공 수행하기
검사 · 수정하기</td><td>평가 유형</td><td>포트폴리오
(작업형)</td><td>학생명</td><td>(서명)</td></tr>
<tr><td>평가 시간</td><td>3</td><td>평가 일시</td><td>100</td><td>평가자</td><td>(서명)</td></tr>
<tr><td>평가 문항
(수행 내용)</td><td colspan="5">■ 다음 도면을 보고 외경 바이트와 홈 바이트를 사용하여 계단 축을 가공하시오.
[요구사항]
1. 과제: 계단형 축 가공에 대한 포트폴리오 작성
2. 작업 순서
- 공작물 준비: 가공물의 크기를 확인하고 척에 고정하시오.
- 절삭공구를 선정하고 공구대에 고정하시오.
- 가공면의 기준면을 설정하고 가공하시오.
- 센터 작업을 하고 라이브센터를 이용하여 가공하시오.
- 주축의 회전수와 이송 속도 등 절삭 조건을 적정하게 설정하여 가공하시오.
- 외경 황삭 바이트로 도면 치수에서 정삭 가공 여유 감안하여 황삭 가공하시오.
(황삭 가공 시 버니어캘리퍼스로 측정하면서 가공)
- 외경 정삭 바이트로 도면 치수로 가공하시오.
(정삭 가공 시 버니어캘리퍼스와 마이크로미터로 측정하면서 가공)
- 모따기 바이트로 모따기 작업을 하시오.
- 절단하고 돌려 물려 도면의 치수로 가공하여 완성하시오.
- 가공된 공작물의 평가표를 가지고 측정하시오.
- 측정값을 확인하고 수정이 필요한 경우 재가공하고 측정하시오.
3. 세부 요구사항
- 도면의 치수의 공차가 기입되지 않은 부위는 ±0.1mm를 적용하여 가공하시오
- 전체 길이의 경우 일반공차를 ±0.2mm로 적용하여 가공하시오
- 포트폴리오는 과제 제출 후 3일 이내로 작성하여 제출한다.</td></tr>
<tr><td></td><td colspan="5">제시 도면</td></tr>
<tr><td></td><td colspan="5">■ 도면
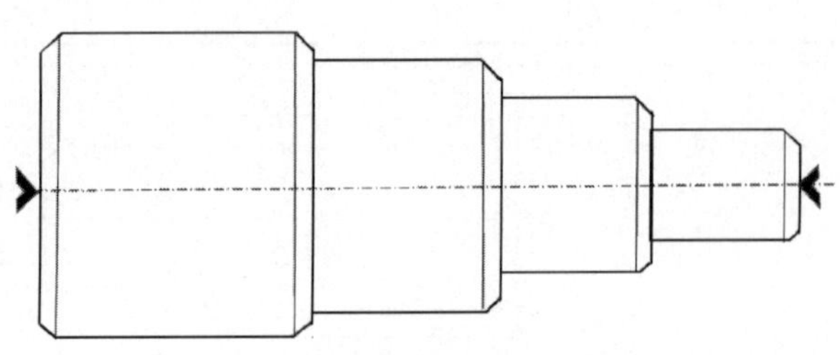</td></tr>
</table>

주요 평가 항목 및 배점	단원(능력단위 요소)	평가 요소	배점
	작업 준비하기	작업 준비, 작업 태도, 작업 방법, 작업 안전	17점
	본 가공 수행하기	정밀공차 작업, 일반공차 작업	50점
	검사 · 수정하기	측정기 선정, 도면 치수 공차 적용 여부 측정	33점
	계		100점

※ 과제에 대한 포트폴리오를 작성하여 결과물 제출 후 3일 이내로 작성하여 제출하시오.

A-6 내부평가 시험지

<table>
<tr><td>과정명</td><td>컴퓨터응용가공 산업기사</td><td>교과목명</td><td>선반</td><td>능력단위</td><td>기본 작업
(선반가공)</td></tr>
<tr><td>능력단위
요소</td><td>작업 준비하기
본 가공 수행하기
검사 · 수정하기</td><td>평가 유형</td><td>포트폴리오
(작업형)</td><td>문항 수</td><td>1</td></tr>
<tr><td>평가 시간</td><td>1</td><td>배점</td><td>100</td><td>평가자</td><td>(서명)</td></tr>
<tr><td rowspan="3">평가 문항
(수행 내용)</td><td colspan="5">■ 다음 도면을 보고 외경 황삭과 정삭 바이트와 모따기 바이트를 사용하여 계단 축을 가공하시오.
[요구사항]
1. 과제: 계단 축 가공에 대한 포트폴리오 작성
2. 작업 순서
가. 작업 준비
- 공작물 준비: 가공물의 크기를 확인하고 척에 고정한다.
- 절삭공구를 선정하고 공구대에 고정한다.
- 가공면의 기준면을 설정하고 가공한다.
- 절삭 조건을 설정한다.
나. 본 가공 수행하기
- 가공면의 기준면을 설정하고 가공하시오.
- 센터 작업을 하고 심압대 라이브센터를 이용하여 가공하시오.
- 외경 황삭 바이트로 도면 치수에서 정삭 가공 여유 감안하여 황삭 가공한다.
(황삭 가공 시 버니어캘리퍼스로 측정하면서 가공)
- 외경 정삭 바이트로 도면 치수로 가공하시오.
(정삭 가공 시 버니어캘리퍼스와 마이크로미터로 측정하면서 가공)
- 모따기 바이트로 모따기 작업을 하시오.
- 단면 가공하고 돌려 물려 도면의 치수로 가공하여 완성하시오.
다. 검사 · 수정하기
- 가공된 공작물의 평가표를 가지고 측정하시오.
- 측정값을 확인하고 수정이 필요한 경우 재가공하고 측정하시오.
3. 세부 요구사항
- 도면의 치수의 공차가 기입되지 않은 부위는 ±0.1mm를 적용하여 가공한다.
- 전체 길이 105mm는 일반공차 ±0.2mm를 적용하여 가공한다.
- 포트폴리오는 과제 제출 후 3일 이내로 작성하여 제출한다.</td></tr>
<tr><td colspan="5">제시 도면</td></tr>
<tr><td colspan="5">■ 도면
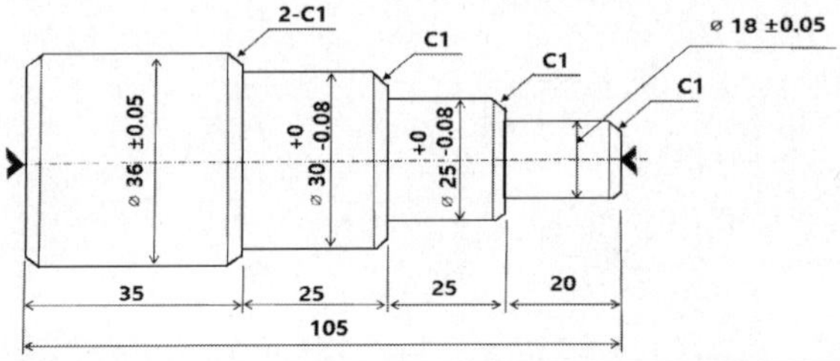
</td></tr>
</table>

A-7 과제 평가표

과정명	컴퓨터응용가공 산업기사	교과목명	선반	능력단위	기본 작업 (선반가공)
능력단위 요소	작업 준비하기 본 가공 수행하기 검사·수정하기	평가 유형	포트폴리오 (작업형)	학생명	
평가시간	1	평가 일시 1차 / 2차		평가자	(서명)

능력단위요소	평가 요소	순번	평가 항목 (채점 항목)	배점 상	배점 중	배점 하	1차 평가	2차 평가	득점 1차	득점 2차
작업 준비	작업 준비	1	작업 준비 상태	5	3	2				
	작업 태도	2	작업 태도	4	3	2				
	작업 방법	3	작업 방법	4	3	2				
	작업 안전	4	작업 안전	4	3	2				
	소 계(17점)									

능력단위요소	평가 요소	순번	평가 항목 (채점 항목)	배점		1차 평가	2차 평가	득점 1차	득점 2차
본 가공 수행하기	정밀 치수	5	18±0.05	5	0				
		6	$25^{+0}_{-0.08}$	5	0				
		7	$30^{+0}_{-0.08}$	5	0				
		8	36±0.05	5	0				
	일반 치수	9	20±0.1	3	0				
		10	25±0.1	3	0				
		11	25±0.1	3	0				
		12	35±0.1	3	0				
		13	105±0.2	3	0				
		14	C1±0.1	3	0				
		15	C1±0.1	3	0				
		16	C1±0.1	3	0				
		17	C1±0.1	3	0				
		18	C1±0.1	3	0				
	소 계(50점)								

능력단위요소	평가 요소	순번	평가 항목 (채점 항목)	배점 상	배점 중	배점 하	1차 평가	2차 평가	득점 1차	득점 2차
검사·수정하기	측정기 선정	19	측정기 선정	7	5	3				
	측정 방법	20	측정 방법	8	6	4				
	외 관	21	외관 상태	6	3	2				
	공차 적용	22	공차 적용의 적정성	6	3	2				
	직각/평면	23	직각/평면	6	3	2				
	소 계(33점)									
최종 점수										
평가자 의견 및 피드백									훈련생 확인 (서명)	

A-8 평가도구 채점표

과정명	컴퓨터응용가공 산업기사	교과목명		선반	능력단위	기본 작업(선반가공)
능력단위 요소	작업 준비하기 본 가공 수행하기 검사 · 수정하기	평가 유형		포트폴리오	평가자	(서명)
평가 시간	1	평가 일시	1차			
			2차			

평가 차수	번호	배점 / 성명	1	2	3	4	5	6	7	8	9	10	11	12	13	14	15	16	17	18	19	20	21	22	23	시간초과	총점 (100)	성취 수준	Pass / Fail	훈련생 확인
			5 3 2	4 3 2	4 3 2	4 3 2	5 0	5 0	5 0	5 0	3 0	3 0	3 0	3 0	3 0	3 0	3 0	3 0	3 0	3 0	7 5 3	8 6 4	6 3 2	6 3 2	6 3 2					
1차 평가	1																													(서명)
	:																													(서명)
	:																													(서명)
	재평가 대상자																													(서명)

평가 차수	번호	배점 / 성명	1	2	3	4	5	6	7	8	9	10	11	12	13	14	15	16	17	18	19	20	21	22	23	시간초과	총점 (100)	성취 수준	Pass / Fail	훈련생 확인
			5 3 2	4 3 2	4 3 2	4 3 2	5 0	5 0	5 0	5 0	3 0	3 0	3 0	3 0	3 0	3 0	3 0	3 0	3 0	3 0	7 5 3	8 6 4	6 3 2	6 3 2	6 3 2					
2차 평가	1																													(서명)
	:																													(서명)
	:																													(서명)

A-9 평가자 의견 및 피드백

<table>
<tr><td>과정명</td><td>컴퓨터응용가공
산업기사</td><td>교과목명</td><td>선반</td><td>능력단위</td><td>기본 작업
(선반가공)</td></tr>
<tr><td rowspan="3">능력단위
요소</td><td>작업 준비하기</td><td rowspan="3">평가 유형</td><td rowspan="3">포트폴리오
(작업형)</td><td rowspan="4">평가자</td><td rowspan="4">(서명)</td></tr>
<tr><td>본 가공 수행하기</td></tr>
<tr><td>검사·수정하기</td></tr>
<tr><td>평가 시간</td><td>1</td><td>평가 일시</td><td></td></tr>
</table>

번호	성명	평가자 의견 및 피드백 내용	훈련생 확인
1			(서명)
2			(서명)
3			(서명)
4			(서명)
5			(서명)
:			(서명)
:			(서명)
:			(서명)
:			(서명)
:			(서명)
11			(서명)

A-10 평가 증빙자료

<table>
<tr><td>과정명</td><td>컴퓨터응용가공 산업기사</td><td colspan="2">교과목명</td><td>선반</td><td>능력단위</td><td>기본 작업(선반가공)</td></tr>
<tr><td rowspan="3">능력단위 요소</td><td>작업 준비하기</td><td colspan="2" rowspan="3">평가 유형</td><td rowspan="3">포트폴리오
(작업형)</td><td rowspan="5">평가자</td><td rowspan="5">(서명)</td></tr>
<tr><td>본 가공 수행하기</td></tr>
<tr><td>검사 · 수정하기</td></tr>
<tr><td rowspan="2">평가 시간</td><td rowspan="2">1</td><td rowspan="2">평가 일시</td><td>1차</td><td></td></tr>
<tr><td>2차</td><td></td></tr>
<tr><td colspan="7">사진</td></tr>
<tr><td colspan="7">1차 평가</td></tr>
<tr><td colspan="7"></td></tr>
</table>

A-11 능력단위 성적표

<table>
<tr><td>과정명</td><td>컴퓨터응용가공 산업기사</td><td colspan="2">교과목명</td><td colspan="2">선반</td><td>능력단위</td><td colspan="2">기본 작업(선반가공)</td></tr>
<tr><td rowspan="3">능력단위 요소</td><td>작업 준비하기</td><td colspan="2" rowspan="3">평가유형</td><td colspan="2" rowspan="3">포트폴리오
(작업형)</td><td rowspan="5">평가자</td><td colspan="2" rowspan="5">(서명)</td></tr>
<tr><td>본 가공 수행하기</td></tr>
<tr><td>검사 · 수정하기</td></tr>
<tr><td rowspan="2">평가 시간</td><td rowspan="2">1</td><td rowspan="2">평가 일시</td><td>1차</td><td colspan="2"></td></tr>
<tr><td>2차</td><td colspan="2"></td></tr>
<tr><td rowspan="2">번호</td><td rowspan="2">성명</td><td colspan="2">능력단위 점수</td><td colspan="2">성취 수준</td><td colspan="3">Pass / Fail</td></tr>
<tr><td>1차</td><td>2차</td><td>1차</td><td>2차</td><td>1차</td><td colspan="2">2차</td></tr>
<tr><td>1</td><td></td><td></td><td></td><td></td><td></td><td></td><td colspan="2"></td></tr>
<tr><td>2</td><td></td><td></td><td></td><td></td><td></td><td></td><td colspan="2"></td></tr>
<tr><td>:</td><td></td><td></td><td></td><td></td><td></td><td></td><td colspan="2"></td></tr>
<tr><td>:</td><td></td><td></td><td></td><td></td><td></td><td></td><td colspan="2"></td></tr>
</table>

A-12 능력단위 수행평가서

<table>
<tr><td rowspan="2">학습자 명:</td><td rowspan="2">평가자 명:

(서명)</td><td colspan="3">평 가 일 시</td></tr>
<tr><td>1차</td><td>년 월 일</td><td></td></tr>
<tr><td rowspan="2">교과목명: 선반</td><td rowspan="2">기본 작업
(선반가공)</td><td>2차</td><td>년 월 일</td><td></td></tr>
<tr><td>3차</td><td>년 월 일</td><td></td></tr>
<tr><td colspan="2" rowspan="8">평가 방법:
본 평가는 단계별 자기평가의 학습 과정이 완료된 학습자에 대하여 평가를 합니다.
학습을 위한 준비에서부터 실습의 완료 후 동작 확인까지 아래 사항의 수행기준에 근거하여 학습자를 평가하여야 합니다.
(본 능력단위의 평가 방법 등을 안내하여 학습자로 하여금 학습 준비를 할 수 있도록 함)</td><td colspan="3">전체 평가(고정 내용으로서 임의 변경 불가)</td></tr>
<tr><td>성취 수준</td><td colspan="2">수행 정도</td></tr>
<tr><td></td><td colspan="2">5. 해당 지식과 기술을 확실하게 습득하여 직무수행에 필요한 기술적 사고력과 문제해결력을 토대로 주도적으로 완벽한 작업을 수행할 수 있다.</td></tr>
<tr><td></td><td colspan="2">4. 해당 지식과 기술을 습득하여 직무수행에 필요한 기술적 사고력과 문제해결력을 토대로 작업을 수행할 수 있다.</td></tr>
<tr><td></td><td colspan="2">3. 해당 지식과 기술을 대부분 습득하여 직무수행에 필요한 지식과 기술을 가지고 대부분의 작업을 수행할 수 있다.</td></tr>
<tr><td></td><td colspan="2">2. 해당 지식과 기술을 부분적으로 습득하여 직무수행에 필요한 지식과 기술을 가지고 타인과 공동으로 작업을 수행할 수 있다.</td></tr>
<tr><td></td><td colspan="2">1. 해당 지식과 기술을 습득하는 데 부족함이 있어 타인의 도움을 받아야만 작업을 수행할 수 있다.</td></tr>
<tr><td colspan="3">평가자는 학습자의 달성 정도를 성취 수준에 표시한다.</td></tr>
</table>

평가 영역(단원명)	수 행 준 거	예	아니오
1502010104_16v4.1 작업 준비하기	1.1 제품의 형상에 적합한 절삭공구를 선택할 수 있다.		
	1.2 공작물의 설치 방법에 따라 공작물을 설치할 수 있다.		
	1.3 절삭공구를 작업 순서 및 사용 빈도를 고려하여 공구대에 설치할 수 있다.		
	1.4 도면에 의해서 제품의 형상, 특성에 따른 기준면을 설정할 수 있다.		
1502010104_16v4.2 본 가공 수행하기	2.1 작업 요구사항과 작업 표준서에 따라 장비를 설정할 수 있다.		
	2.2 수동 작업 시 가공 조건을 충족할 수 있도록 이송 속도, 이송 범위, 절삭 깊이를 조절할 수 있다.		
	2.3 이상 발생 시 작업 표준서에 따라 조치를 취하고 보고할 수 있다.		
	2.4 가공 조건이 부적합할 경우 수정할 수 있다.		
	2.5 공작물의 가공 여유를 주고 공작물의 흑피를 제거할 수 있다.		
	2.6 기준면 가공에 적합한 절삭 조건을 산출하고 적용할 수 있다.		
	2.7 절삭 칩이 공작물에 감겨 회전하지 않도록 칩 브레이커를 사용하여 절삭 칩을 끊어 주면서 가공할 수 있다.		
	2.8 상황에 따라 건식 및 습식 절삭을 할 수 있다.		
1502010104_16v4.3 검사 · 수정하기	3.1 측정 대상별 측정 방법과 측정기의 종류를 파악하여 측정 오차가 생기지 않도록 측정할 수 있다.		
	3.2 공구 수명 단축원인 및 가공 치수 불량의 원인을 파악하고 적절한 대처 방안을 강구할 수 있다.		
	3.3 측정 후 불량 부위 발생 시 수정 여부를 결정할 수 있다.		

4. 단순 형상 작업

NCS 기반 평가도구 개발

[단순 형상 작업(1502010105_14v2)]

- 제 출 일 : ____________________
- 소　　속 : ____________________
- 교과목명 : ____________________
- 개 발 자 : ____________________

【능력단위명: 단순 형상 작업】

대분류	중분류	소분류	세분류
15. 기계	02. 기계가공	01. 절삭가공	01. 선반가공

A-1 능력단위 주요 평가영역 도출

구분	내용				
훈련 목표	선반가공에서 제품의 형상 특성에 따른 기준면을 선정하고 내·외경 및 드릴, 널링 작업 수행을 할 수 있다.				
장비·재료	• 범용 선반 장비 • 측정기류(버니어캘리퍼스, 마이크로미터, 내측마이크로미터) • 절삭공구(외경 바이트, 내경 바이트, 널링 바이트, 절단 바이트 등) • 안전 보호장비				
평가 시 고려사항	• 절삭 조건 및 절삭 순서를 선정하기 위한 지식 • 절삭공구와 절삭공구의 각도를 설정할 수 있는 지식 • 선반 작동의 숙련 정도 • 정밀가공 기계가공에 대한 지식 • 공구 선정 기술 • 공구 고정 방법 • 공구 수명에 대한 지식 • 절삭 온도 및 절삭제에 대한 지식 • 측정기 종류 및 사용 방법				
주요 평가 영역	지식		기술	○	태도	○

A-2 평가 방법 및 문항 수 도출

능력단위	능력단위 요소	주요 평가 영역			능력단위 요소 연계성	문항 수	평가 방법
		지식 (지필)	기술·태도 (수행관찰)	기술 (산출물)			
단순 형상 작업	작업 준비하기		√		.1 .2 .3	1	포트폴리오
	본 가공 수행하기			√	.1 .2 .3		
	검사 · 수정하기			√	.1 .2 .3		

A-3 능력단위 요소별 배점기준 도출

능력단위	능력단위 요소	훈련 필요성				배점 비중 (Ⓓ/Ⓔ)*100
		중요도 Ⓐ	난이도 Ⓑ	활용 빈도 Ⓒ	합계 Ⓓ	
		낮음 ↔ 보통 ↔ 높음 ① ② ③				
단순 형상 작업	작업 준비하기	1	1	1	3	17
	본 가공 수행하기	3	3	3	9	50
	검사 · 수정하기	2	2	2	6	33
계 Ⓔ		6	6	6	18	100

A-4 교수자용 평가 문항 개발

과정명	컴퓨터응용가공 산업기사	교과목명	선반	능력단위	단순 형상 작업
능력단위 요소	작업 준비하기 본 가공 수행하기 검사 · 수정하기	평가유형	포트폴리오 (작업형)	문항 수	1
평가 시간	1	배점	100	평가자	(서명)

평가 문항 (수행 내용)

■ 다음 도면을 보고 외경 바이트와 널링공구, 센터 드릴, 드릴, 내경 바이트를 사용하여 캡 가공하시오.

[요구사항]

1. 과제: 캡 가공에 대한 포트폴리오 작성
2. 작업 순서

가. 작업 준비
- 공작물 준비: 가공물의 크기를 확인하고 척에 고정하시오
- 절삭공구를 선정하고 공구대에 고정하시오
- 가공면의 기준면을 설정하고 가공하시오
- 절삭 조건을 설정하시오

나. 본 가공 수행하기
- 외경 황삭 바이트로 기준면을 가공한 후 직경 48mm를 널링 가공을 위한 예비 가공 치수로 가공한 후 널링공구를 이용하여 널링 작업 후 모따기 가공하시오.
  (널링 가공을 위한 외경 가공 치수를 확인한 후 가공)
- 공작물을 돌려 물려 외경을 가공하고 센터 드릴, 드릴 작업 후 내경 가공하시오
- 모따기 가공하여 완성하시오
  (정삭 가공 시 버니어캘리퍼스와 마이크로미터로 측정하면서 가공)

다. 검사 · 수정하기
- 가공된 공작물의 평가표를 가지고 측정하시오
- 측정값을 확인하고 수정이 필요한 경우 재가공하고 측정하시오

3. 세부 요구사항
- 도면의 치수의 공차가 기입되지 않은 부위는 ±0.1mm를 적용하여 가공하시오
- 직경 ∅48은 널링공구로 작업하여 ±0.2mm 치수를 적용하여 가공하시오
- 포트폴리오는 과제 제출 후 3일 이내로 작성하여 제출한다.

제시 도면

■ 도면

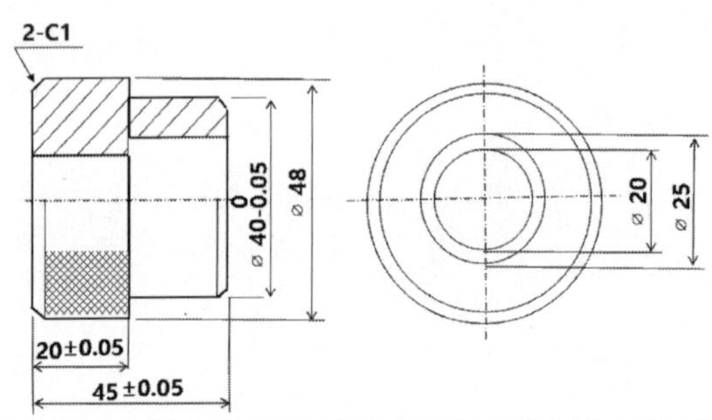

평가 기록 방법

평정법	체크리스트	행동 기록법	비고
√	√		

채점기준

평가기준

본 가공 평가(50점)					
항목	순번	도면 치수	측정 치수	배점	득점
정밀 치수	5	Ø40 $^{0}_{-0.08}$		10	
	6	Ø20 $^{+0.08}_{0}$		10	
	7	Ø25 $^{+0.08}_{0}$		10	
일반 치수	8	Ø48 ± 0.2		5	
	9	20 ± 0.05		5	
	10	45 ± 0.05		5	
	11	C-1		5	

작업 준비 평가(17점)					
순번	항 목	상	중	하	득점
1	작업 준비	5	3	2	
2	작업 태도	4	3	2	
3	작업 방법	4	3	2	
4	작업 안전	4	3	2	

검사 · 수정 평가(33점)					
순번	항 목	상	중	하	득점
12	측정기 선정	7	5	3	
13	측정 방법	8	6	4	
14	외관 검사	6	3	2	
15	공차 적용	6	3	2	
16	직각 / 거칠기	6	3	2	

시간 평가

소요 시간(60분)
- 5분 초과마다 (2)점 감점 15분 초과까지 적용

작업 준비 평가	본 가공 평가	검사 수정평가	계
17점	50점	33점	100점

평가 시 유의사항

- 평가 기록 방법을 주관적 평가 항목은 평정법으로, 객관적 평가 항목은 체크리스트법으로 채점한다.
- 교수자는 작품 제작 과정을 평가 한 후 학생에게 그 결과를 피드백한다.
- 학습자는 제한 시간에 과제를 수행하고 안전을 고려하여 안전 장구를 착용한 후 작업한다.

성취기준

- 평정법 평가 항목 득점 부여: 3점(상, 중, 하)을 적용하였다.
- 체크리스트의 평가 항목 득점 부여: Y/N(Y는 배점 점수 전부 부여, N은 0점)

점수 구간	90~100점	80~89점	70~79점	60~69점	60점 미만
성취 수준 환산	5	4	3	2	1

과제물 결과 (예시)

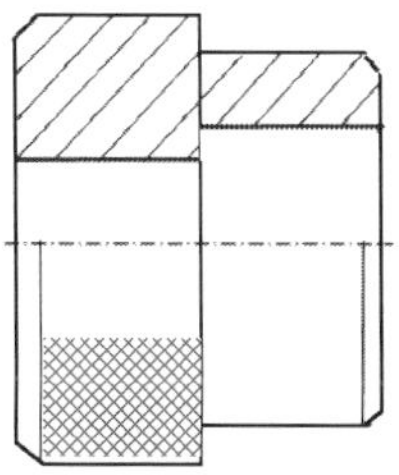

A-5 평가 공개자료

<table>
<tr><td>과정명</td><td>컴퓨터응용가공 산업기사</td><td>교과목명</td><td>선반</td><td>능력단위</td><td>단순 형상 작업</td></tr>
<tr><td>능력단위 요소</td><td>작업 준비하기
본 가공 수행하기
검사 · 수정하기</td><td>평가 유형</td><td>포트폴리오
(작업형)</td><td>학생명</td><td>(서명)</td></tr>
<tr><td>평가 시간</td><td>1</td><td>평가 일시</td><td>100</td><td>평가자</td><td>(서명)</td></tr>
<tr><td rowspan="3">평가 문항
(수행 내용)</td><td colspan="5">■ 다음 도면을 보고 외경 바이트와 널링공구, 센터 드릴, 드릴, 내경 바이트를 사용하여 캡 가공하시오.
[요구사항]
1. 과제: 계단형 축 가공에 대한 포트폴리오 작성
2. 작업 순서
- 공작물 준비: 가공물의 크기를 확인하고 척에 고정하시오.
- 절삭공구를 선정하고 공구대에 고정하시오.
- 가공면의 기준면을 설정하고 가공하시오.
- 절삭 조건에 따라 주축의 회전수, 이송 속도, 절삭 속도, 절삭유 등 설정하여 가공하시오
- 외경 황삭 바이트로 ∅48 널링부의 가공 치수로 가공한 후 널링 작업하시오.
(황삭 가공 시 버니어캘리퍼스로 측정하면서 가공)
- 모따기 바이트로 모따기 작업을 하시오.
- 돌려 물려 단면 가공하고 전체 길이를 가공하시오.
- 센터 드릴, 드릴 공구와 내경 바이트를 이용하여 내경 가공을 완성하시오.
- 계단 작업으로 황삭과 정삭 작업을 하고 모따기 작업을 하시오.
- 가공된 공작물의 평가표를 가지고 측정하시오.
- 측정값을 확인하고 수정이 필요한 경우 재가공하고 측정하시오.
3. 세부 요구사항
- 도면의 치수의 공차가 기입되지 않은 부위는 ±0.1mm를 적용하여 가공하시오
- 직경 ∅48은 널링공구로 작업하여 ±0.2mm 치수를 적용하여 가공하시오
- 포트폴리오는 과제 제출 후 3일 이내로 작성하여 제출한다.</td></tr>
<tr><td colspan="5">제시 도면</td></tr>
<tr><td colspan="5">■ 도면
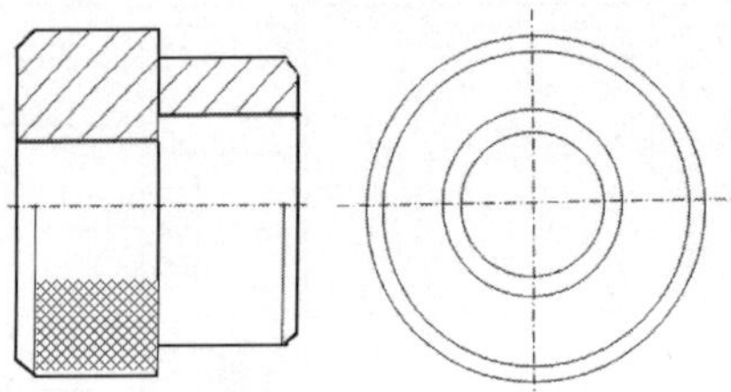</td></tr>
</table>

<table>
<tr><td rowspan="6">주요
평가 항목
및
배점</td><td>단원(능력단위 요소)</td><td>평가 요소</td><td>배점</td></tr>
<tr><td>작업 준비하기</td><td>작업 준비, 작업 태도, 작업 방법, 작업 안전</td><td>17점</td></tr>
<tr><td>본 가공 수행하기</td><td>정밀공차 작업, 일반공차 작업</td><td>50점</td></tr>
<tr><td>검사 · 수정하기</td><td>측정기 선정, 도면 치수 공차 적용 여부 측정</td><td>33점</td></tr>
<tr><td colspan="2">계</td><td>100점</td></tr>
<tr><td colspan="3">※ 과제에 대한 포트폴리오를 작성하여 결과물 제출 후 3일 이내로 작성하여 제출하시오.</td></tr>
</table>

A-6 내부평가 시험지

과정명	컴퓨터응용가공 산업기사	교과목명	선반	능력단위	단순 형상 작업
능력단위 요소	작업 준비하기 본 가공 수행하기 검사 · 수정하기	평가 유형	포트폴리오 (작업형)	문항 수	1
평가 시간	1	배점	100	평가자	(서명)

평가 문항 (수행 내용)

■ 다음 도면을 보고 외경 바이트와 널링공구, 센터 드릴, 드릴, 내경 바이트를 사용하여 캡 가공하시오.

[요구사항]

1. 과제: 캡 가공에 대한 포트폴리오 작성
2. 작업 순서
  가. 작업 준비
   - 공작물 준비 : 가공물의 크기를 확인하고 척에 고정하시오
   - 절삭공구를 선정하고 공구대에 고정하시오
   - 가공면의 기준면을 설정하고 가공하시오
   - 절삭 조건을 설정하시오
  나. 본 가공 수행하기
   - 외경 황삭 바이트로 기준면을 가공한 후 직경 48mm를 널링 가공을 위한 예비 가공치수로 가공한 후 널링공구를 이용하여 널링 작업 후 모따기 가공하시오.
     (널링 가공을 위한 외경 가공 치수를 확인한 후 가공)
   - 공작물을 돌려 물려 외경을 가공하고 센터 드릴, 드릴 작업 후 내경 가공하시오
   - 모따기 가공하여 완성하시오
     (정삭 가공 시 버니어캘리퍼스와 마이크로미터로 측정하면서 가공)
  다. 검사 · 수정하기
   - 가공된 공작물의 평가표를 가지고 측정하시오
   - 측정값을 확인하고 수정이 필요한 경우 재가공하고 측정하시오
3. 세부 요구사항
   - 도면의 치수의 공차가 기입되지 않은 부위는 ±0.1mm를 적용하여 가공하시오
   - 직경 Ø48은 널링공구로 작업하여 ±0.2mm 치수를 적용하여 가공하시오
   - 포트폴리오는 과제 제출 후 3일 이내로 작성하여 제출한다.

제시 도면

■ 도면

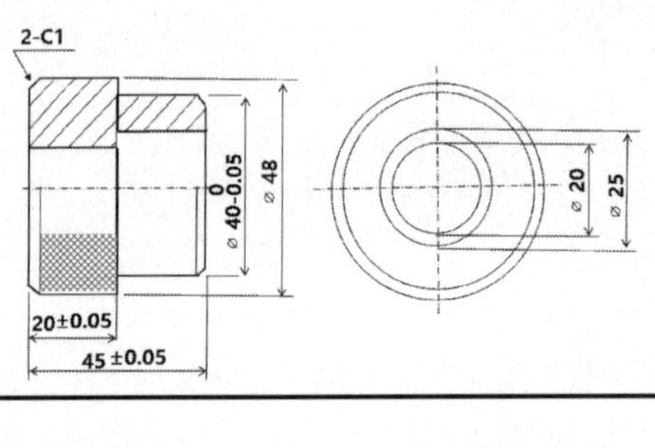

A-7 과제 평가표

과정명	컴퓨터응용가공 산업기사	교과목명		선반	능력단위	단순 형상 작업
능력단위 요소	작업 준비하기 본 가공 수행하기 검사 · 수정하기	평가 유형		포트폴리오 (작업형)	학생명	
평가 시간	1	평가 일시	1차		평가자	(서명)
			2차			

능력단위요소	평가 요소	순번	평가 항목 (채점 항목)	배점 상	배점 중	배점 하	1차 평가	2차 평가	득점 1차	득점 2차
작업 준비	작업 준비	1	작업 준비 상태	5	3	2				
	작업 태도	2	작업 태도	4	3	2				
	작업 방법	3	작업 방법	4	3	2				
	작업 안전	4	작업 안전	4	3	2				
	소 계									

능력단위요소	평가 요소	순번	평가 항목 (채점 항목)	배점		1차 평가	2차 평가	득점 1차	득점 2차
본 가공 수행하기	정밀치수	5	$\varnothing 40 \pm {}^{0}_{-0.05}$	10	0				
		6	$\varnothing 20 \ {}^{0}_{+0.08}$	10	0				
		7	$\varnothing 25 \ {}^{0}_{+0.08}$	10	0				
	일반치수	8	Ø48±0.1	5	0				
		9	20 ± 0.05	5	0				
		10	45 ± 0.05	5	0				
		11	C-1	5	0				
	소 계								

능력단위요소	평가 요소	순번	평가 항목 (채점 항목)	배점 상	배점 중	배점 하	1차 평가	2차 평가	득점 1차	득점 2차
검사 · 수정하기	측정기 선정	12	측정기 선정	7	5	3				
	측정 방법	13	측정 방법	8	6	4				
	외 관	14	외관 상태	6	3	2				
	공차 적용	15	공차 적용의 적정성	6	3	2				
	직각/평면	16	직각/평면	6	3	2				
	소 계									
최종 점수										

평가자 의견 및 피드백		훈련생 확인
		(서명)

A-8 평가도구 채점표

과정명	컴퓨터응용가공 산업기사	교과목명		선반	능력단위	단순 형상 작업
능력단위 요소	작업 준비하기 본 가공 수행하기 검사 · 수정하기	평가 유형		포트폴리오 (작업형)	평가자	(서명)
평가 시간	1	평가 일시	1차			
			2차			

평가차수	번호	배점 / 성명	1	2	3	4	5	6	7	8	9	10	11	12	13	14	15	16	시간초과	총점 (100)	성취수준	Pass / Fail	훈련생 확인
			5 3 2	4 3 2	4 3 2	4 3 2	10 0	10 0	10 0	5 0	5 0	5 0	5 0	7 5 3	8 6 4	6 3 2	6 3 2	6 3 2					
1차 평가	1																						(서명)
	:																						(서명)
	:																						(서명)
	재평가 대상자																						(서명)

평가차수	번호	배점 / 성명	1	2	3	4	5	6	7	8	9	10	11	12	13	14	15	16	시간초과	총점 (100)	성취수준	Pass / Fail	훈련생 확인
			5 3 2	4 3 2	4 3 2	4 3 2	10 0	10 0	10 0	5 0	5 0	5 0	5 0	7 5 3	8 6 4	6 3 2	6 3 2	6 3 2					
2차 평가	1																						(서명)
	:																						(서명)
	:																						(서명)

A-9 평가자 의견 및 피드백

<table>
<tr><td>과정명</td><td>컴퓨터응용가공
산업기사</td><td>교과목명</td><td>선반</td><td>능력단위</td><td>단순 형상 작업</td></tr>
<tr><td rowspan="3">능력단위
요소</td><td>작업 준비하기</td><td rowspan="3">평가 유형</td><td rowspan="3">포트폴리오
(작업형)</td><td rowspan="4">평가자</td><td rowspan="4">(서명)</td></tr>
<tr><td>본 가공 수행하기</td></tr>
<tr><td>검사 · 수정하기</td></tr>
<tr><td>평가 시간</td><td>1</td><td>평가 일시</td><td></td></tr>
</table>

번호	성명	평가자 의견 및 피드백 내용	훈련생 확인
1			(서명)
2			(서명)
3			(서명)
4			(서명)
5			(서명)
:			(서명)
:			(서명)
:			(서명)
:			(서명)
:			(서명)
11			(서명)

CHAPTER 03

A-10 평가 증빙자료

<table>
<tr><td>과정명</td><td>컴퓨터응용가공 산업기사</td><td colspan="2">교과목명</td><td>선반</td><td>능력단위</td><td>단순 형상 작업</td></tr>
<tr><td rowspan="3">능력단위 요소</td><td>작업 준비하기</td><td colspan="2" rowspan="3">평가 유형</td><td rowspan="3">포트폴리오
(작업형)</td><td rowspan="5">평가자</td><td rowspan="5">(서명)</td></tr>
<tr><td>본 가공 수행하기</td></tr>
<tr><td>검사 · 수정하기</td></tr>
<tr><td rowspan="2">평가 시간</td><td rowspan="2">1</td><td rowspan="2">평가 일시</td><td>1차</td><td></td></tr>
<tr><td>2차</td><td></td></tr>
<tr><td colspan="7">사진</td></tr>
<tr><td colspan="7">1차 평가</td></tr>
<tr><td colspan="7"></td></tr>
</table>

A-11 능력단위 성적표

<table>
<tr><td>과정명</td><td>컴퓨터응용가공 산업기사</td><td colspan="2">교과목명</td><td colspan="2">선반</td><td>능력단위</td><td colspan="2">단순 형상 작업</td></tr>
<tr><td rowspan="3">능력단위 요소</td><td>작업 준비하기</td><td colspan="2" rowspan="3">평가 유형</td><td colspan="2" rowspan="3">포트폴리오
(작업형)</td><td rowspan="5">평가자</td><td colspan="2" rowspan="5">(서명)</td></tr>
<tr><td>본 가공 수행하기</td></tr>
<tr><td>검사 · 수정하기</td></tr>
<tr><td rowspan="2">평가 시간</td><td rowspan="2">1</td><td rowspan="2">평가 일시</td><td>1차</td><td colspan="2"></td></tr>
<tr><td>2차</td><td colspan="2"></td></tr>
<tr><td rowspan="2">번호</td><td rowspan="2">성명</td><td colspan="2">능력단위 점수</td><td colspan="2">성취 수준</td><td colspan="2">Pass / Fail</td><td></td></tr>
<tr><td>1차</td><td>2차</td><td>1차</td><td>2차</td><td>1차</td><td>2차</td><td></td></tr>
<tr><td>1</td><td></td><td></td><td></td><td></td><td></td><td></td><td></td><td></td></tr>
<tr><td>2</td><td></td><td></td><td></td><td></td><td></td><td></td><td></td><td></td></tr>
<tr><td>:</td><td></td><td></td><td></td><td></td><td></td><td></td><td></td><td></td></tr>
<tr><td>:</td><td></td><td></td><td></td><td></td><td></td><td></td><td></td><td></td></tr>
</table>

A-12 능력단위 수행평가서

<table>
<tr><td rowspan="2">학습자 명:</td><td rowspan="2">평가자 명:
(서명)</td><td colspan="4">평 가 일 시</td></tr>
<tr><td>1차</td><td colspan="2">년 월 일</td><td></td></tr>
<tr><td rowspan="2">교과목명: 선반</td><td rowspan="2">단순 형상 작업
1502010105_14v2</td><td>2차</td><td colspan="2">년 월 일</td><td></td></tr>
<tr><td>3차</td><td colspan="2">년 월 일</td><td></td></tr>
<tr><td colspan="2" rowspan="8">평가 방법:
본 평가는 단계별 자기평가의 학습 과정이 완료된 학습자에 대하여 평가를 합니다.
학습을 위한 준비에서부터 실습의 완료 후 동작 확인까지 아래 사항의 수행기준에 근거하여 학습자를 평가하여야 합니다.
(본 능력단위의 평가 방법 등을 안내하여 학습자로 하여금 학습 준비를 할 수 있도록 함)</td><td colspan="4">전체 평가(고정 내용으로서 임의 변경 불가)</td></tr>
<tr><td>성취 수준</td><td colspan="3">수행 정도</td></tr>
<tr><td></td><td colspan="3">5. 해당 지식과 기술을 확실하게 습득하여 직무수행에 필요한 기술적 사고력과 문제해결력을 토대로 주도적으로 완벽한 작업을 수행할 수 있다.</td></tr>
<tr><td></td><td colspan="3">4. 해당 지식과 기술을 습득하여 직무수행에 필요한 기술적 사고력과 문제해결력을 토대로 작업을 수행할 수 있다.</td></tr>
<tr><td></td><td colspan="3">3. 해당 지식과 기술을 대부분 습득하여 직무수행에 필요한 지식과 기술을 가지고 대부분의 작업을 수행할 수 있다.</td></tr>
<tr><td></td><td colspan="3">2. 해당 지식과 기술을 부분적으로 습득하여 직무수행에 필요한 지식과 기술을 가지고 타인과 공동으로 작업을 수행할 수 있다.</td></tr>
<tr><td></td><td colspan="3">1. 해당 지식과 기술을 습득하는 데 부족함이 있어 타인의 도움을 받아야만 작업을 수행할 수 있다.</td></tr>
<tr><td colspan="4">평가자는 학습자의 달성 정도를 성취 수준에 표시한다.</td></tr>
</table>

CHAPTER 03

평가 영역(단원명)	수 행 준 거	예	아니오
1502010104_16v4.1 작업 준비하기	1.1 제품의 형상에 적합한 절삭공구를 선택할 수 있다.		
	1.2 공작물의 설치 방법에 따라 부속장치를 사용하여 공작물을 설치할 수 있다.		
	1.3 절삭공구를 작업 순서 및 사용 빈도를 고려하여 공구대에 설치할 수 있다.		
	1.4 도면에 의해서 제품의 형상, 특성에 따른 기준면을 설정할 수 있다.		
1502010104_16v4.2 본가공 수행하기	2.1 작업 요구사항과 작업 표준서에 따라 장비를 설정할 수 있다.		
	2.2 수동 작업 시 가공 조건을 충족할 수 있도록 이송 속도, 이송 범위, 절삭 깊이를 조절할 수 있다.		
	2.3 이상 발생 시 작업 표준서에 따라 조치를 취하고 보고할 수 있다.		
	2.4 가공 조건이 부적합할 경우 수정할 수 있다.		
	2.5 공작물의 가공 여유를 주고 공작물의 흑피를 제거할 수 있다.		
	2.6 기준면 가공에 적합한 절삭 조건을 산출하고 적용할 수 있다.		
	2.7 절삭 칩이 공작물에 감겨 회전하지 않도록 칩 브레이커를 사용하여 절삭 칩을 끊어 주면서 가공할 수 있다.		
	2.8 드릴 작업 시 드릴이 공작물을 관통할 때 이동 속도를 감속할 수 있다.		
	2.9 상황에 따라 건식 및 습식 절삭을 할 수 있다.		
	2.10 널링가공 시 공작물의 크기와 재질에 따라 절삭 조건을 선정할 수 있다.		
1502010104_16v4.1 작업 준비하기	1.1 제품의 형상에 적합한 절삭공구를 선택할 수 있다.		
	1.2 공작물의 설치 방법에 따라 부속장치를 사용하여 공작물을 설치할 수 있다.		
	1.3 절삭공구를 작업 순서 및 사용 빈도를 고려하여 공구대에 설치할 수 있다.		
	1.4 도면에 의해서 제품의 형상, 특성에 따른 기준면을 설정할 수 있다.		
1502010104_16v4.2 본가공 수행하기	2.1 작업 요구사항과 작업 표준서에 따라 장비를 설정할 수 있다.		
	2.2 수동 작업 시 가공 조건을 충족할 수 있도록 이송 속도, 이송 범위, 절삭 깊이를 조절할 수 있다.		
	2.3 이상 발생 시 작업 표준서에 따라 조치를 취하고 보고할 수 있다.		
	2.4 가공 조건이 부적합할 경우 수정할 수 있다.		
	2.5 공작물의 가공 여유를 주고 공작물의 흑피를 제거할 수 있다.		
	2.6 기준면 가공에 적합한 절삭 조건을 산출하고 적용할 수 있다.		
	2.7 절삭 칩이 공작물에 감겨 회전하지 않도록 칩 브레이커를 사용하여 절삭 칩을 끊어 주면서 가공할 수 있다.		
	2.8 드릴 작업 시 드릴이 공작물을 관통할 때 이동 속도를 감속할 수 있다.		
	2.9 상황에 따라 건식 및 습식 절삭을 할 수 있다.		
	2.10 널링가공 시 공작물의 크기와 재질에 따라 절삭 조건을 선정할 수 있다.		
1502010104_16v4.3 검사 · 수정하기	3.1 측정 대상별 측정 방법과 측정기의 종류를 파악하여 측정 오차가 생기지 않도록 측정할 수 있다.		
	3.2 공구 수명 단축 원인 및 가공 치수 불량의 원인을 파악하고 적절한 대처 방안을 강구할 수 있다.		
	3.3 측정 후 불량 부위 발생 시 수정 여부를 결정할 수 있다.		

A-13 학생별 교과목과 능력단위 종합평가서

훈련과정명	훈련 기간	학습자 명	최종 확인자 (지도교사)
컴퓨터응용가공 산업기사			

교과목명	능력단위 분류번호 능력단위명	평가자 명	최종 평가 일시	평가 결과 (성취 수준)
머시닝센터	1502010405_18v3 CNC 밀링(머시닝센터) 조작(CAM)			
	1502010406_18v5 CNC 밀링(머시닝센터)가공 프로그래밍(CAM)			
CNC 선반	1502010403_18v3 CNC 선반 조작(CAM)			
	1502010404_18v5 CNC 선반가공 프로그래밍(CAM)			
선반	1502010104_16v4 기본 작업(선반)			
	1502010105_16v4 단순 형상(선반)			
측정	1502010504_14v2 기본 측정기 사용(측정)			
밀링	1502010204_16v4 기본 작업(밀링가공)			
	1502010207_16v4 엔드밀 가공			
도면해독과 CAM	1502010402_14v2 도면해독			
	1502010407_18v5 CNC 선반가공 CAM 프로그래밍			
CAM	1502010408_18v5 CNC 밀링(머시닝센터)가공 CAM 프로그래밍			
3D CAD	1501020113_16v3 3D 형상 모델링 작업			

CHAPTER 03

[참고 문헌 및 웹사이트]

■ 한국산업인력공단 과정평가형 국가기술자격 교육·훈련과정 편성기준」, 한국산업인력공단, [20v5]
■ 한국산업인력공단 https://www.ncs.go.kr 능력단위, 학습모듈 참조

과정평가형 자격

NCS 기반 평가도구 개발

(컴퓨터응용가공 산업기사 대비)

2021년 2월 26일 1판 1쇄 인 쇄
2021년 3월 5일 1판 1쇄 발 행

지은이 : 장봉기 · 김대구 · 박영미

펴낸이 : 박 정 태

펴낸곳 : **광 문 각**

10881
경기도 파주시 광인사길 161 파주출판문화도시
광문각 빌딩
등 록 : 1991. 5. 31 제12-484호
전화(代) : 031) 955-8787
팩 스 : 031) 955-3730
E-mail : kwangmk7@hanmail.net
홈페이지 : www.kwangmoonkag.co.kr

• ISBN : 978-89-7093-491-4 93000

값 20,000원